Linux 操作系统及应用

主　编　原锦明　宋学永　项丽萍
副主编　白鲜霞　张志源　张作祯
　　　　吕　潞　汪洪法

北京理工大学出版社
BEIJING INSTITUTE OF TECHNOLOGY PRESS

内容提要

本书是山西省“十四五”职业教育立项规划教材，是基于“岗课赛证”融通的新型活页式教材，并有与之配套的精品在线课程，精品在线课程地址为 https://www.xueyinonline.com/detail/236491298。

本书共分为15章，主要内容包括认识 Linux 操作系统、安装与配置 Linux 操作系统、熟练使用 Linux 命令、管理 Linux 服务器的用户和用户组、配置与管理文件系统、配置与管理磁盘、配置网络和使用 SSH 服务、熟练使用 vi 编辑器、配置与管理 NFS 服务、配置与管理 Samba 服务、配置与管理 DHCP 服务、配置与管理 DNS 服务、配置与管理数据库服务、配置与管理 Apache 服务、配置与管理 FTP 服务。实训项目引入企业应用实例，对实训项目进行分析并对实训步骤进行详细讲解，同时配以知识点微课等其他教学资源，实现理论与实践的完美统一。

本书适合作为高职高专计算机应用技术、计算机网络技术、网络安全、大数据技术、云计算技术应用、人工智能技术应用等专业的 Linux 操作系统课程教材，也可作为 Linux 系统管理、运维人员的参考书。为方便教学，本书另配有学习视频、课件、教案、习题答案等教学资源。教学资源可以和北京理工大学出版社或编者（QQ：350790509）联系索取。

图书在版编目(CIP)数据

Linux 操作系统及应用 / 原锦明，宋学永，项丽萍主编. -- 北京：北京理工大学出版社，2024.1

ISBN 978-7-5763-3483-8

Ⅰ. ①L… Ⅱ. ①原… ②宋… ③项… Ⅲ. ①Linux 操作系统-高等职业教育-教材 Ⅳ. ①TP316.85

中国国家版本馆 CIP 数据核字(2024)第 036873 号

责任编辑：王玲玲　　**文案编辑**：王玲玲
责任校对：刘亚男　　**责任印制**：施胜娟

出版发行 / 北京理工大学出版社有限责任公司
社　　址 / 北京市丰台区四合庄路 6 号
邮　　编 / 100070
电　　话 / (010) 68914026（教材售后服务热线）
(010) 68944437（课件资源服务热线）
网　　址 / http://www.bitpress.com.cn

版 印 次 / 2024 年 1 月第 1 版第 1 次印刷
印　　刷 / 河北盛世彩捷印刷有限公司
开　　本 / 787 mm×1092 mm　1/16
印　　张 / 17.5
字　　数 / 360 千字
定　　价 / 63.00 元

前言

Linux操作系统自发展以来，已在各个领域得到广泛应用，因此，对于众多计算机从业人员来说，掌握Linux操作系统的使用与应用已成为必备技能。当前，Linux不仅在服务器操作系统领域占据主导地位，还在教学和科研等领域展现出更为广阔的应用前景。

本书对应云计算应用开发与服务、网络安全运维工程师、Web安全工程师、网络安全系统集成工程师、数据恢复工程师等职业岗位群，整合Linux操作系统应用基础内容，结合“云计算技术与应用”“信息网络安全”职业技能赛项内容及相关“1+X”证书考核内容三类知识点，将课程思政融入各个环节，形成对接岗位任务的36个融合知识点15个实训项目，以项目实训的方式助力学生完成对知识点的学习与应用。

一、教材特色

1. 项目驱动，任务评价

本书采用项目驱动、任务评价的教学模式。在这种模式下，学生需要自行确定项目的目标、计划和要求，并按照预定计划执行任务。在任务评价环节，学生应明确任务的目标、要求，并按照要求完成任务。任务完成后，将成果与标准进行比较，根据项目任务单的完成情况来评估学生对知识的掌握程度。这种评估方式旨在提高学生的实践能力和对知识的实际应用能力。

2. 岗课赛证，思政元素

本书旨在通过对工作岗位、课程、技能竞赛、“1+X”证书所涵盖的知识点进行提炼，融入思政元素，并将思政目标作为重要元素融入整个课程思政体系。同时，本书将职业技能等级标准融入专业课程教学，依据职业标准设计内容，将职业素养和职业技能要求贯穿专业人才培养方案。此外，本书还通过校企合作的方式，将企业真实案例引入课程内容，以便学生能够在学习过程中感受到实际工作的氛围并培养职业精神。

3. 形式灵活，资源丰富

本书采用了新型活页式教材的形式，通过在线精品课程与纸质教材的有机结合，实现了二维码嵌入纸质教材的功能，为学习者提供了更加便捷的学习方式。同时，本书还嵌入了各种教学数字资源，包括视频、PPT、课后习题、实训等资料，实现了与教材的无缝对接，有效提高了学习效率。通过线上课程的统计和反馈，教师可以实时掌握学生的学习动态，根据不同情况随时调整教学进度及难度，确保教学质量。

4. 线上线下，混合教学

本书配备线上教学平台，使得线上线下混合教学模式能够有机地结合，从而充分发挥各自的优势。在线下教学环节中，教师可以根据学生的实际情况和需求进行有针对性的指导，及时帮助学生解决实际问题和疑惑。而在线上教学环节中，学生可以自主安排学习时间和进度，通过丰富的数字化资源拓展自己的知识面和技能水平。这种教学模式能够更好地满足学生的个性化需求，提高教学质量和效果。

5. 轻松入门，逐级递进

本书从认识 Linux 操作系统开始，在介绍 Linux 操作系统安装及操作命令的基础上，逐个介绍各种网络服务的安装与配置方法，并完善了 Linux 的实验环境，使学生对 Linux 的应用能力逐步提高。

二、适用群体

本书适合高职高专院校计算机相关专业在读学生、具备一定 Linux 基础的初级和中级读者、系统管理运维人员，以及热衷于 Linux 技术的爱好者。

三、致谢

本书由原锦明、宋学永、项丽萍主编。具体分工如下：原锦明负责本书大纲、第 11 章的编写及全书统稿工作，宋学永负责本书、1 + X、技能竞赛知识点提炼，项丽萍负责本书教学模式设计、第 1 章的编写及思政元素融入，白鲜霞负责第 7、8、14 章的编写，张作祯负责第 2、10、15 章的编写，张志源负责第 3、4、5 章的编写，汪洪法负责第 6、9 章的编写，吕潞负责第 12、13 章的编写。

由于编者水平有限，时间仓促，书中难免存在疏漏和不足之处，敬请广大读者不吝指正，提出宝贵的批评意见。

编　者

目 录

第1章

认识Linux操作系统

❖ 知识导读

Linux 是一套免费使用和自由传播的类 UNIX 操作系统。Linux 可安装在个人计算机、服务器、小型机、大型机、路由器、防火墙等设备中。对于个人用户而言，最熟悉的 Linux 应用莫过于现在广泛使用的安卓手机、平板电脑等手持终端。Linux 操作系统支持多用户、多任务、多线程及多 CPU。从诞生到现在，经过世界各地无数计算机爱好者的修改与完善，其功能越来越强大，性能越来越稳定，逐渐成为企业机构和政府部门中首选的服务器平台。本章将带领大家认识 Linux 操作系统的相关知识。

❖ 知识目标

- ➢ 了解 Linux 的发展历史。
- ➢ 熟悉 Linux 的特点。
- ➢ 熟悉 Linux 的组成。
- ➢ 了解常见的 Linux 发行版本。
- ➢ 了解 Linux 的应用领域。

❖ 技能目标

- ➢ 掌握 Linux 的特点。
- ➢ 掌握 Linux 的组成。
- ➢ 掌握 Linux 的版本号。

❖ 思政目标

➢ 培养学生的合作意识、分享精神和对知识的追求热情。

➢ 理解我国“一带一路”合作倡议理念，共同打造政治互信、经济融合、文化包容的利益共同体、命运共同体和责任共同体。

“课程思政”链接
融入点：Linux 是一种开源操作系统　思政元素：合作、共享
开源操作系统，体现了开放、自由的精神——自由、开源、分享、互助，该精神推动了软件的发展，并尊重了个人自由和获得了共享知识。学生将学习到开源软件的概念和发展历程，了解到开源社区的运作模式和价值观，这有助于培养学生的合作意识、分享精神和对知识的追求热情。

❖ 1 + X 证书考点

1 + X 云计算平台运维与开发职业技术等级要求（初级）

3. Linux 系统与服务构建运维	3.1　Linux 系统环境构建	3.1.1　Linux 系统基本概述。 3.1.2　Linux 系统启动流程。

1.1 Linux 操作系统简介

认识 Linux 操作系统

Linux 操作系统的诞生和发展与 UNIX 操作系统、Minix 操作系统、GNU 计划、POSIX 标准以及 Internet 息息相关。

UNIX 诞生于一个开放的相互学习研究的时代，UNIX 系统的源码在世界各地流传、分享，一些热衷于 UNIX 的人，在源码的基础上不断研究 UNIX，并对其进行改善，极大地促进了 UNIX 的发展与优化。

20 世纪 80 年代，AT&T 将 UNIX 商业化，UNIX 不再开放源代码。为了方便教学与研究，赫尔辛基大学的 Andrew Tannebaum 教授开发了 Minix 操作系统，并将其发布在 Internet 上，免费供给学生使用。

出于对早期源码开放、互利共享风气的怀念，为了"重启当年软件界合作互助的团结精神"，1983 年 9 月 27 日，Richard Stallman 公开发起了 GNU 计划。GNU 是"GNU is Not UNIX"的递归缩写，该计划的目标是创建一套完全自由的操作系统。

POSIX（Portable Operating System Interface of UNIX，可移植操作系统接口）定义了操作系统应该为应用程序提供的标准接口，其意愿是获得源码级别的软件可移植性。在 Linux 操作系统的研发过程中，为了保证之后尽可能获得大量应用软件的支持，Linux 明智地选择了 POSIX 作为 API 设计的标准。

Linux 系统是一个类似于 UNIX 的操作系统，它是 UNIX 在计算机上的完整实现。UNIX 操作系统是 1969 年由 K. Thomposn 和 D. M. Richie 在美国贝尔实验室开发的一个操作系统。由于良好而稳定的性能，其速度在计算机中得到广泛的应用，在随后的几十年又做了不断的改进。1990 年，芬兰人 Linux Torvalds 接触了为教学而设计的 Minix 系统后，开始着手研究编写一个开放的与 Minix 系统兼顾的操作系统。1991 年 10 月 5 日，Linux Torvalds 在赫尔辛基技术大学的一台 FTP 服务器上发布了第一个 Linux 的内核版本 0.02 版。随着编程小组的扩大和完整的操作系统基础软件的出现，Linux 开发人员认识到，Linux 已经逐渐变成一个成熟的操作系统。1992 年 3 月，内核 1.0 版本的推出，标志着 Linux 第一个正式版本的诞生。

现在，Linux 凭借优秀的设计、不凡的性能，加上 IBM、Intel、AMD、DELL、Oracle、Sybase 等国际知名企业的大力支持，市场份额逐步扩大，逐渐成为主流操作系统之一。

1.2 Linux系统的特点

Linux操作系统作为一个免费、自由、开放的操作系统，它拥有如下所述的一些特点。

1. 开放性

系统遵循世界标准规范，特别是遵循开放系统互连OSI国际标准。凡遵循国际标准所开发的硬件和软件，都能彼此兼容，可方便地实现互连。另外，源代码开放的Linux是免费的，使得Linux的获取非常方便，而且使用Linux可节约费用。Linux开放源代码，使用者能控制源代码，按照需要对部件混合搭配，建立自定义扩展。

2. 多用户

系统资源可以被不同用户各自拥有使用，即每个用户对自己的资源（如文件、设备）有特定的权限，互不影响。Linux和UNIX都具有多用户的特性。

3. 多任务

多任务是现代计算机最主要的一个特点，是指计算机同时执行多个程序，而且各个程序的运行相互独立。Linux系统调度每一个进程平等地访问微处理器。

4. 出色的速度性能

Linux可以连续运行数月、数年而无须重新启动。Linux不大在意CPU的速度，它可以把处理器的性能发挥到极限，用户会发现，影响系统性能提高的限制性因素主要是其总线和磁盘I/O的性能。

5. 良好的用户界面

Linux系统向用户提供三种界面，即用户命令界面、系统调用界面和图形用户界面。

6. 丰富的网络功能

Linux是在Internet基础上产生并发展起来的，因此，完善的内置网络是Linux的一大特点。Linux在通信和网络功能方面优于其他操作系统。

7. 可靠的系统安全

Linux采取了许多安全技术措施，包括读/写权限控制、带保护的子系统、审计跟踪、核心授权等，这为网络多用户环境中的用户提供了必要的安全保障。

8. 良好的可移植性

Linux是一种可移植的操作系统，能够在微型计算机到大型计算机的任何环境中和任何平台上运行。可移植性为运行Linux的不同计算机平台与其他任何机器进行准确而有效的通信提供了手段，不需要另外增加特殊和昂贵的通信接口。

9. 具有标准兼容性

Linux是一个与可移植性操作系统接口POSIX相兼容的操作系统，它所构成的子系统支持所有相关的ANSI、ISO、IETF和W3C业界标准。Linux也符合X/Open标准，具有完全自由的X Window实现。

1.3 Linux 系统的组成

在日常生活中，人们习惯将 Linux 系统简称为 Linux，但实际上，Linux 仅代表 Linux 系统的内核。Linux 系统主要由四个部分组成：内核、命令解释层、文件系统和应用程序。其中，内核、命令解释层和文件系统一起形成了基本的操作系统结构。它们使得用户可以运行程序、管理文件并且使用系统。

1. Linux 内核

内核是系统的心脏，是运行程序和管理磁盘及打印机等硬件设备的核心程序。操作环境向用户提供一个操作界面，它从用户那里接受命令，并且把命令送给内核去执行。由于内核提供的都是操作系统最基本的功能，所以，如果内核发生问题，那么整个计算机系统就可能会崩溃。

2. 命令解释层

Shell 是系统的用户界面，提供了用户与内核进行交互操作的一种接口，即在操作系统内核与用户之间提供操作界面。它可以描述为命令解释器，对用户输入的命令进行解释，再将其发送到内核。Linux 系统中的每个用户都可以拥有自己的用户操作界面，根据自己的要求进行定制。不仅如此，Shell 还有自己的编程语言用于命令的编辑，它允许用户编写由 Shell 命令组成的程序。

3. Linux 文件系统

文件系统是文件存放在磁盘等存储设备上的组织办法。Linux 能支持多种流行的文件系统，如 XFS、EXT2/3/4、FAT、VFAT、ISO9660、NFS、CIFS 等。

4. Linux 应用程序

标准的 Linux 系统都有一套称为应用程序的程序集，包括文本编辑器、编程语言 X Window、办公套件、Internet 工具、数据库等。

1.4 Linux 系统的版本

Linux 系统的版本分为内核版本和发行版本两种。

1. 内核版本

通常所说的 Linux 版本指的是 Linux 内核的版本。内核是系统的心脏，是运行程序和管理磁盘及打印机等硬件设备的核心程序，它提供了一个在裸设备与应用程序间的抽象层。例如，程序本身不需要了解用户的主板芯片集成或者磁盘控制器的细节，就能在高层次上读写磁盘。内核分为两种：稳定版和开发版。稳定版的内核稳定性强，可以用于应用和部署。开发版的内核不稳定，版本变化快，仅适合用于试验，不适合进行部署。

Linux 内核的版本号命名是有一定规则的，版本号的格式通常为“主版本号.次版本号.修正号”。主版本号和次版本号标志着重要的功能变动，修正号表示较小的功能变更。写法为 x:yy:zz。其中，x 为主要版本号，yy 为次要版本号，zz 为修订版本号。各部分数字越大，

则表示版本越高。另外，如果 yy 是偶数，则为稳定版；yy 为奇数，则为开发版。

2. 发行版本

仅有内核而没有应用软件的操作系统是无法使用的，所以许多公司或社团将内核、源代码及相关的应用程序组织构成一个完整的操作系统，让一般的用户可以简便地安装和使用 Linux，这就是所谓的发行版本（Distribution），一般谈论的 Linux 系统便是针对这些发行版本的。目前各种发行版本超过 300 种，它们的发行版本号各不相同，使用的内核版本号也可能不一样，现在流行的套件有 Red Hat（红帽子）、CentOS、Debian、Ubuntu、红旗 Linux 等。

1.5 Linux 系统的应用领域

1. 教育与服务领域

设计先进和公开源代码这两大特性使 Linux 成为操作系统课程的好教材。Linux 服务器应用广泛，稳定、健壮、系统要求低、网络功能强等特点，使 Linux 成为 Internet 服务器操作系统的首选，现已达到了服务器操作系统市场 40% 以上的占有率。

2. 云计算领域

当今云计算如火如荼。在构建云计算平台的过程中，开源技术起到了不可替代的作用。从某种程度上说，开源是云计算的灵魂。大多数的云基础设施平台都使用 Linux 操作系统。目前已经有多个云计算平台的开源实现，开源云计算项目有 OpenStack、CloudStack 和 OpenNebula 等。

3. 嵌入式领域

Linux 是最适合嵌入式开发的操作系统。Linux 嵌入式应用涵盖的领域极为广泛，嵌入式领域将是 Linux 最大的发展空间。迄今为止，在主流 IT 界取得最大成功的当属由谷歌开发的 Android 系统，它是基于 Linux 的移动操作系统。Android 把 Linux 交到了全球无数移动设备消费者的手中。

4. 企业领域

利用 Linux 系统可以使企业用低廉的投入架设 E－mail 服务器、WWW 服务器、DNS 和 DHCP 服务器、目录服务器、防火墙、文件和打印服务器、代理服务器、透明网关、路由器等。当前，谷歌、亚马逊、思科、IBM、纽约证券交易所和维珍美国公司等都是 Linux 用户。

5. 超级计算领域

Linux 在高性能计算、计算密集型应用，如风险分析、数据分析、数据建模等方面也得到了广泛的应用。在 2018 年及 2019 年世界 500 强超级计算机排行榜中，基于 Linux 操作系统的计算机都占据了 100% 的份额。

6. 桌面领域

面向桌面的 Linux 系统特别在桌面应用方面进行了改进，达到了相当高的水平，完全可以作为一种集办公应用、多媒体应用、网络应用等多功能于一体的图形界面操作系统。

任务评价表

评价类型	赋分	序号	具体指标	分值	得分		
					自评	组评	师评
职业能力	55	1	Linux 系统特点理解正确	15			
		2	Linux 系统组成理解正确	15			
		3	Linux 系统版本识别正确	15			
		4	Linux 应用领域理解正确	10			
职业素养	20	1	坚持出勤，遵守纪律	5			
		2	协作互助，解决难点	5			
		3	按照标准规范操作	5			
		4	持续改进优化	5			
劳动素养	15	1	按时完成，认真填写记录	5			
		2	保持工位卫生、整洁、有序	5			
		3	小组分工合理性	5			
思政素养	10	1	完成思政素材学习	10			
总分				100			

总结反思	
• 目标达成：知识　　　　　能力　　　　　素养	
• 学习收获：	• 教师寄语： 签字：
• 问题反思：	

❖ 本章小结

本章主要介绍了 Linux 操作系统的背景，包括 Linux 系统的起源与发展、特点、内核版本和发行版本、应用领域等。通过对本章内容的学习，读者应能对 Linux 操作系统有大致了解，并为后面学习 Linux 操作系统做好准备。

❖ 理论习题

1. Linux 操作系统的核心程序由芬兰赫尔辛基大学的学生________编写。

2. Linux 操作系统是一款免费使用且可以自由传播的类 UNIX 操作系统，它支持______、

________多线程及多 CPU，从其诞生到现在，性能逐步得到了稳定提升。

3. Linux 操作系统因其强大的功能和良好的稳定性，逐渐被应用到人类社会的诸多领域。目前，Linux 的应用领域主要包括______、________、________、________、________和________。

4. Linux 的版本分为________和________。

5. Linux 一般由四个主要部分组成，分别是____________、__________、__________和________。

❖ 深度思考

请列举 Linux 的强大功能。

❖ 项目任务单

<table>
<tr><td>项目任务</td><td colspan="4"></td></tr>
<tr><td>小组名称</td><td colspan="2"></td><td>小组成员</td><td></td></tr>
<tr><td>工作时间</td><td colspan="2"></td><td>完成总时长</td><td></td></tr>
<tr><td colspan="5">项目任务描述</td></tr>
<tr><td colspan="5"></td></tr>
<tr><td rowspan="5">小组分工</td><td>姓名</td><td colspan="3">工作任务</td></tr>
<tr><td></td><td colspan="3"></td></tr>
<tr><td></td><td colspan="3"></td></tr>
<tr><td></td><td colspan="3"></td></tr>
<tr><td></td><td colspan="3"></td></tr>
<tr><td colspan="5">任务执行结果记录</td></tr>
<tr><td>序号</td><td colspan="2">工作内容</td><td>完成情况</td><td>操作员</td></tr>
<tr><td>1</td><td colspan="2"></td><td></td><td></td></tr>
<tr><td>2</td><td colspan="2"></td><td></td><td></td></tr>
<tr><td>3</td><td colspan="2"></td><td></td><td></td></tr>
<tr><td>4</td><td colspan="2"></td><td></td><td></td></tr>
<tr><td colspan="5">任务实施过程记录</td></tr>
<tr><td colspan="5"></td></tr>
</table>

第 2 章 安装与配置Linux操作系统

❖ 知识导读

当我们的计算机操作系统出现了问题，或者想要尝试一个新的操作系统，以获得更好的性能和安全性时，那么，Linux 操作系统正是我们要介绍的一个选择。Linux 操作系统是一个开源、免费且强大的操作系统，它具有许多优势，包括稳定性、安全性、灵活性和可定制性等。它被广泛应用于服务器、嵌入式设备和个人电脑等领域。在本章中，将探索 Linux 操作系统的安装和配置过程，为大家提供必要的知识和技能。我们将学习如何选择适合自己的 Linux 发行版、准备安装所需的硬件和软件、进行系统的分区和文件系统设置等。通过学习本章内容，我们将能够掌握安装和配置 Linux 操作系统的基本技能，为我们提供更多的选择和灵活性，同时，也为今后的学习和工作打下坚实的基础。希望我们在这门课程中能够相互学习和成长，共同探索 Linux 操作系统的奥秘。让我们一起踏上这个有趣的 Linux 之旅吧！

❖ 知识目标

- 了解 VMware Workstation 和 CentOS 的相关知识。
- 掌握在 VMware Workstation 上安装配置 CentOS 虚拟操作系统。
- 掌握制作镜像和克隆虚拟机。
- 掌握静态 IP 地址的配置。

❖ 技能目标

- 会在 VMware Workstation 上安装置 CentOS 虚拟操作系统。
- 能制作镜像和克隆虚拟机。
- 会配置静态 IP 地址。

安装虚拟机操作系统CentOS7

❖ 思政目标

- 培养技术能力、团队合作意识、解决问题能力和信息安全意识。

“课程思政”链接
融入点：虚拟操作系统的安装与配置　思政元素：团结合作——团结意识
培养学生的技术能力：学生可以学习和掌握如何进行操作系统的安装和配置，培养他们的技术能力和实践能力。培养学生的团队合作意识：学生可以通过分工合作、协调配合等方式，培养他们的团队合作意识和沟通能力。培养学生的问题解决能力：学生可能会面临各种问题和挑战，他们需要通过自主学习、查阅资料、尝试解决等方式来解决问题，培养他们的问题解决能力和自主学习能力。培养学生的信息安全意识：学生需要关注系统的安全设置和防护措施，培养他们对信息安全的意识和重视。

❖ 1+X 证书考点

1+X 云计算平台运维与开发职业技能等级要求（中级）

安装与配置 Linux 操作系统	2.1　安装虚拟机操作系统 Centos7 2.2　熟练配置实验环境	1. 虚拟机的安装与配置。 2. 拍摄快照。 3. 克隆虚拟机。 4. 设置静态 IP 地址。

2.1　安装虚拟机操作系统 CentOS 7

2.1.1　知识准备

1. VMware Workstation

VMware Workstation 是功能最强大的虚拟机软件，用户可以在其上同时运行各种操作系统，进行开发、测试、演示和部署软件，每个虚拟机可分配多个处理器、内存和网络适配器等设备。

虚拟机软件 VMware Workstation 16 Pro，系统要求 Windows 10 或更高版 64 位操作系统。VMware 官方网站地址为 https://www.vmware.com/cn.html。可在官方网站直接下载 VMware Workstation 16 安装包，直接运行安装包即可进行安装。

2. CentOS

CentOS（Community Enterprise Operating System，社区企业操作系统）是 Linux 发行版之一，它来自 Red Hat Enterprise Linux，依照开放源代码规定释出的源代码编译而成，CentOS 完全开源。

本课程使用的 CentOS 镜像版本是 CentOS-7-x86_64-DVD-2009.iso，可在官方网站 https://www.centos.org/下载。

2.1.2　案例目标

（1）了解如何在实体机上安装配置 CentOS 操作系统。

（2）掌握 VMware Workstation 16 Pro 的安装方法。

（3）掌握在 VMware Workstation 上安装配置 CentOS 虚拟操作系统的方法。

2.1.3　案例描述

在 VMware Workstation 上安装配置 CentOS 虚拟操作系统。

2.1.4　案例分析

下载安装虚拟机软件 VMware Workstation 16 Pro，然后使用此软件安装虚拟机操作系统 CentOS，镜像使用提供的 CentOS 7.9。

2.1.5　案例实施

（1）打开 VMware Workstation 虚拟机软件后，在“主页”选项卡单击“创建新的虚拟机”。

（2）在“新建虚拟机向导”界面“您希望使用什么类型的配置”下选择“典型”，单击“下一步”按钮，如图 2－1 所示。

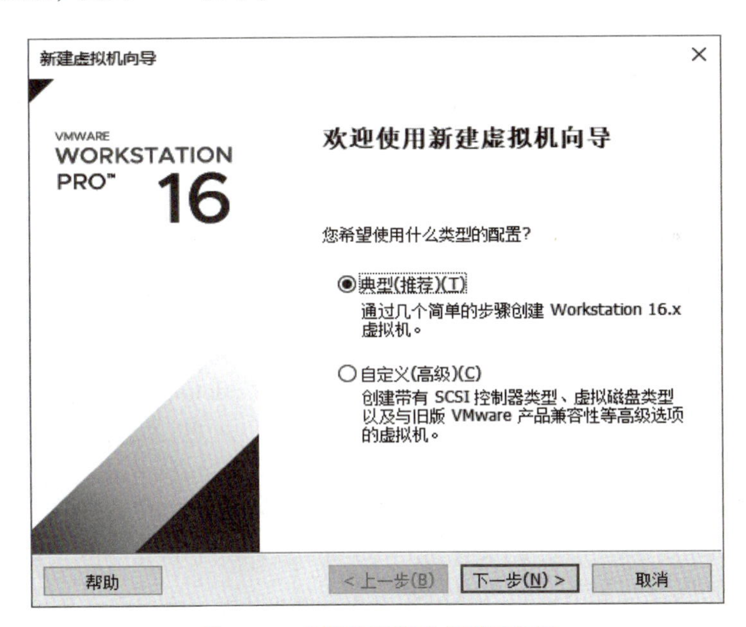

图 2－1　欢迎使用新建虚拟机向导

（3）安装来源选择“稍后安装操作系统”，如图 2－2 所示，单击“下一步”按钮。

（4）客户操作系统选择“Linux”，版本选择“CentOS 7 64 位”，如图 2－3 所示，单击“下一步”按钮。

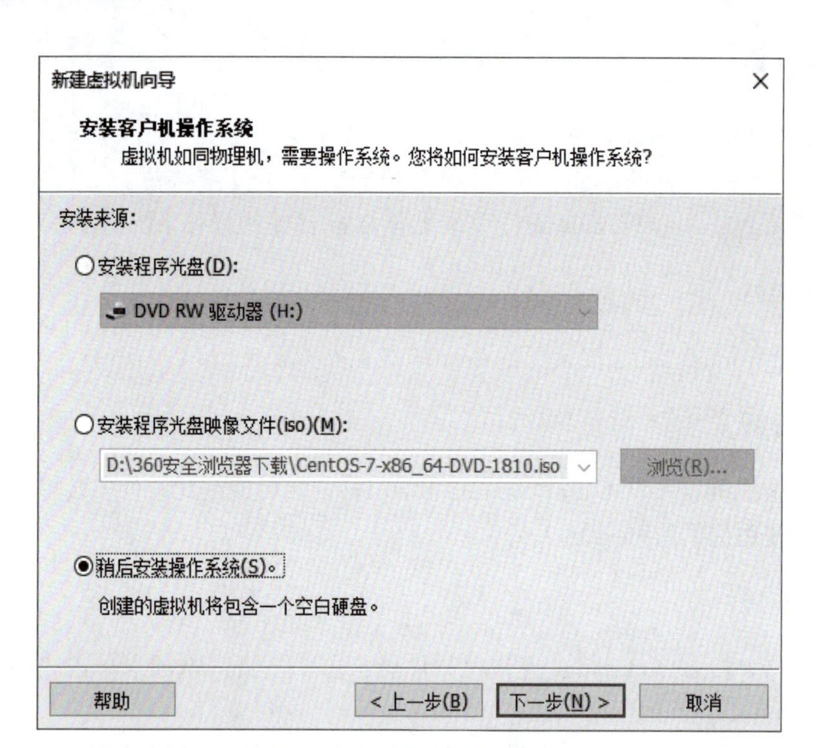

图 2－2　安装客户机操作系统

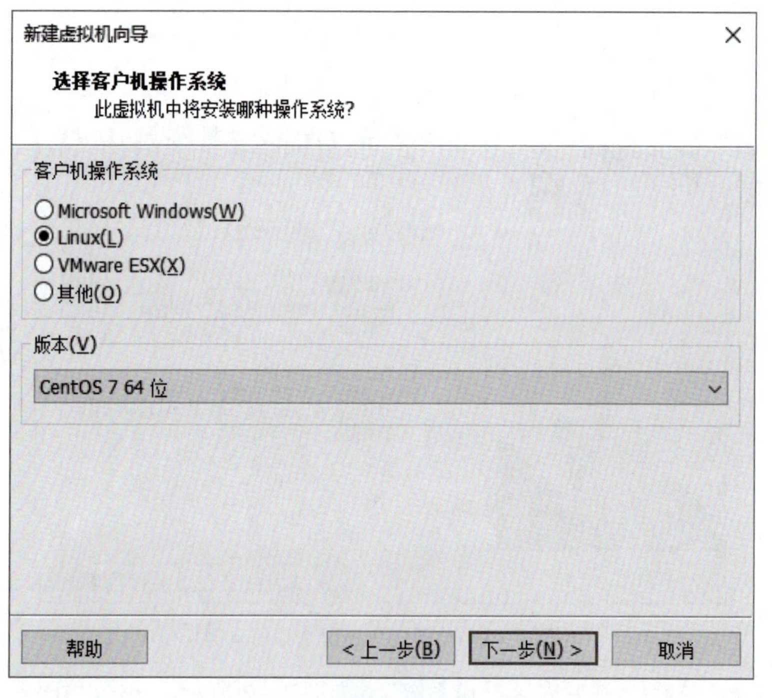

图 2－3　选择客户机操作系统

（5）将“虚拟机名称”设置为“CentOS764”，将“位置”设置为“d:\Users\Administrator\Documents\Virtual Machines\CentOS764”，如图 2－4 所示，单击“下一步”按钮。

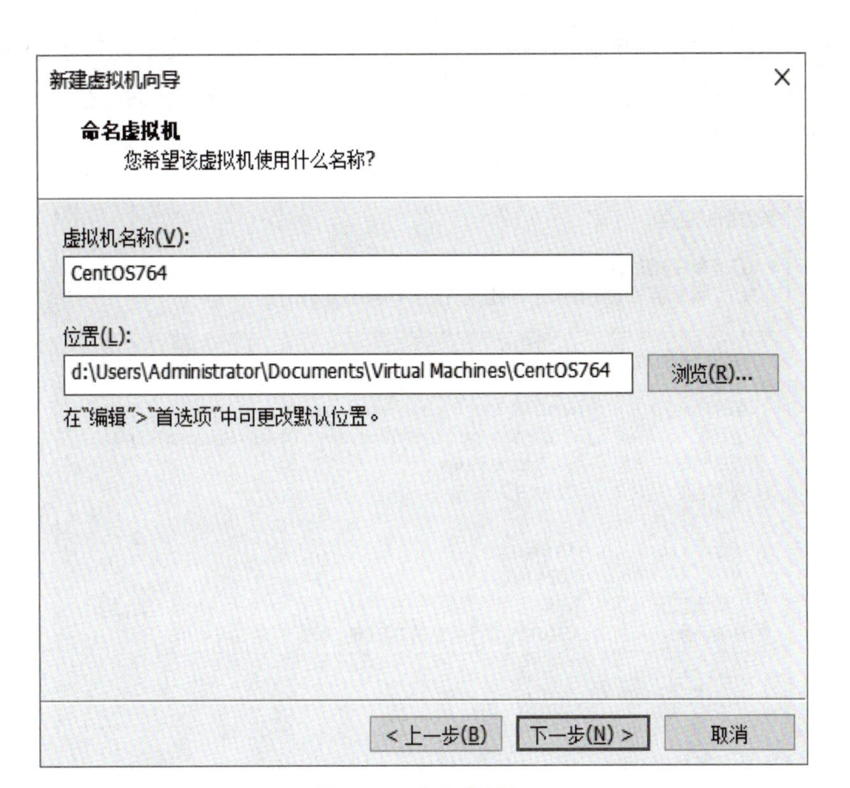

图 2-4　命名虚拟机

（6）将“最大磁盘大小”设置为“40 GB”，如图 2-5 所示，单击“下一步”按钮。

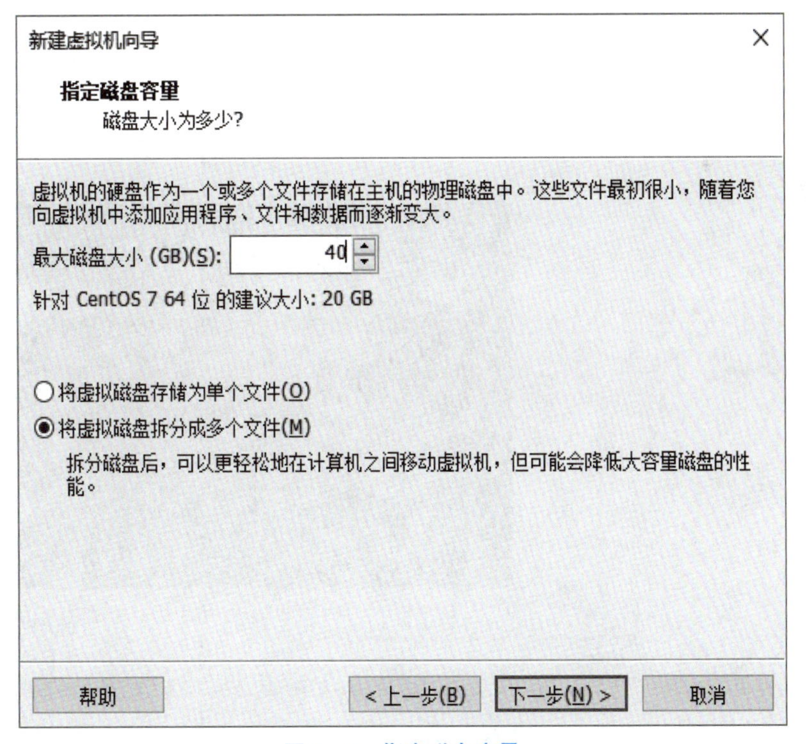

图 2-5　指定磁盘容量

（7）已准备好创建虚拟机，如图 2 – 6 所示，单击“完成”按钮创建虚拟机。VMware Workstation 虚拟机软件界面增加了“CentOS764”选项卡，在界面左侧栏中“我的计算机”下，出现新建的虚拟机“CentOS764”，如图 2 – 7 所示。

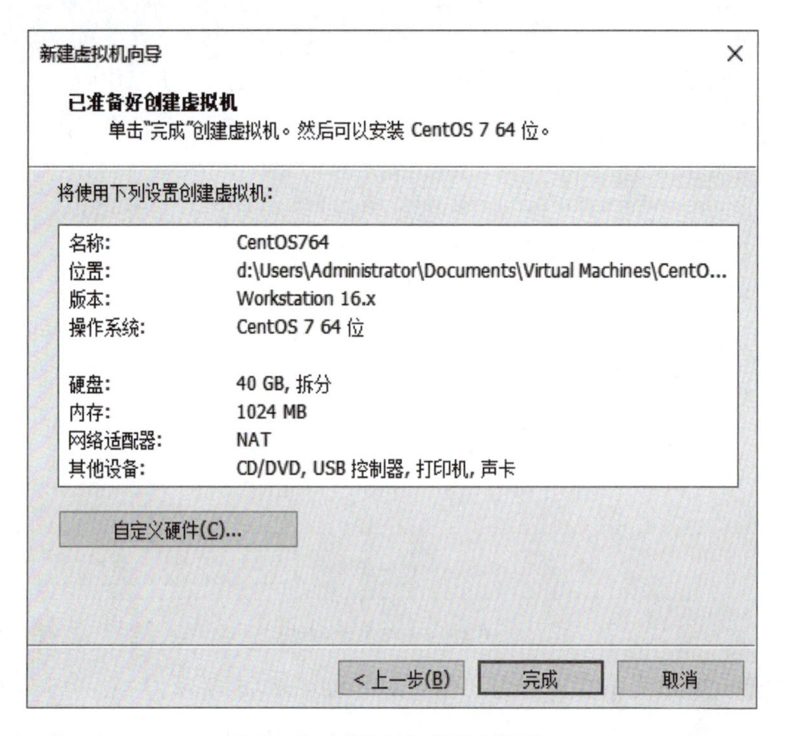

图 2 – 6　已准备好创建虚拟机

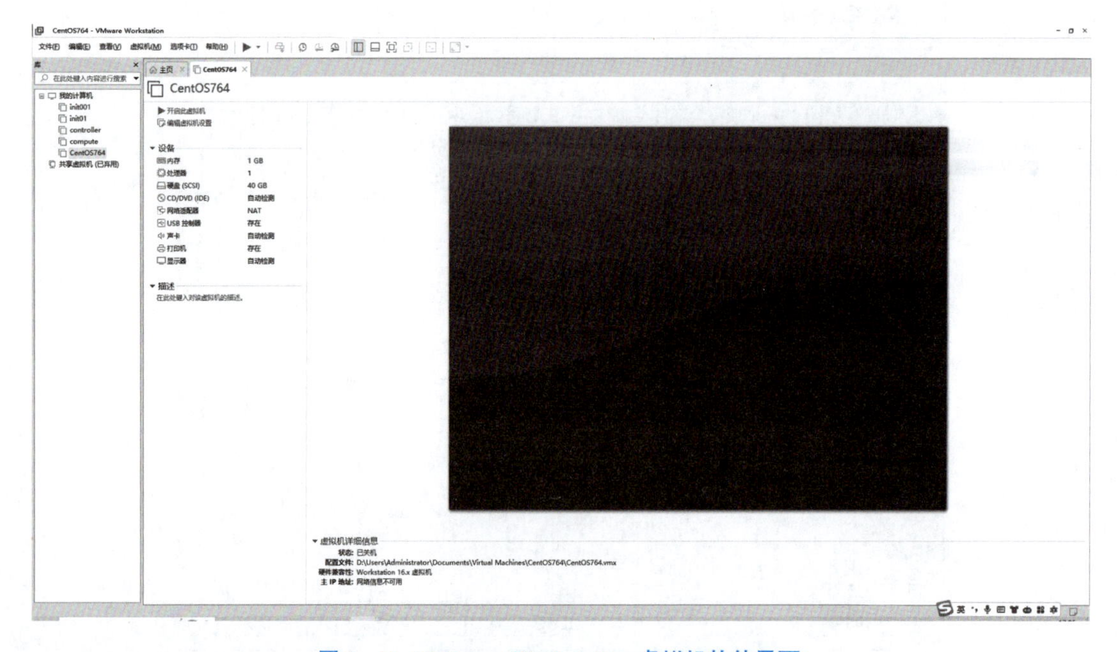

图 2 – 7　VMware Workstation 虚拟机软件界面

(8) 单击"CentOS764"选项卡下的"编辑虚拟机设置",如图 2-8 所示,打开"虚拟机设置"对话框。

图 2-8　"CentOS764"选项卡界面

(9) 在"硬件"选项卡"设备"菜单下,单击"内存",对内存进行设置。将"此虚拟机的内存"设置为"2048 MB"。注意,此处的"最大建议内存"和"建议的最小客户机操作系统内存",如图 2-9 所示。

图 2-9　设置内存

（10）单击“处理器”，对处理器进行设置。将“处理器数量”设为“1”，将“每个处理器的内核数量”设为“2”，如图 2－10 所示。

图 2－10　设置处理器

（11）单击“CD/DVD（IDE）”，选中“启动时连接”，在“连接”下选择“使用 ISO 映像文件”，单击“浏览”按钮，找到下载到本机的 CentOS 7 映像文件，如图 2－11 所示。

（12）网络适配器使用默认设置“NAT”。“USB 控制台”“声卡”等设备可移除或保留，最后单击“确定”按钮，配置完成。

（13）在“CentOS764”选项卡下，单击“开启此虚拟机”，如图 2－12 所示。

（14）将鼠标移动到屏幕中央区域，单击，光标消失，按 Enter 键，开始校验介质和安装操作系统，如图 2－13 所示。

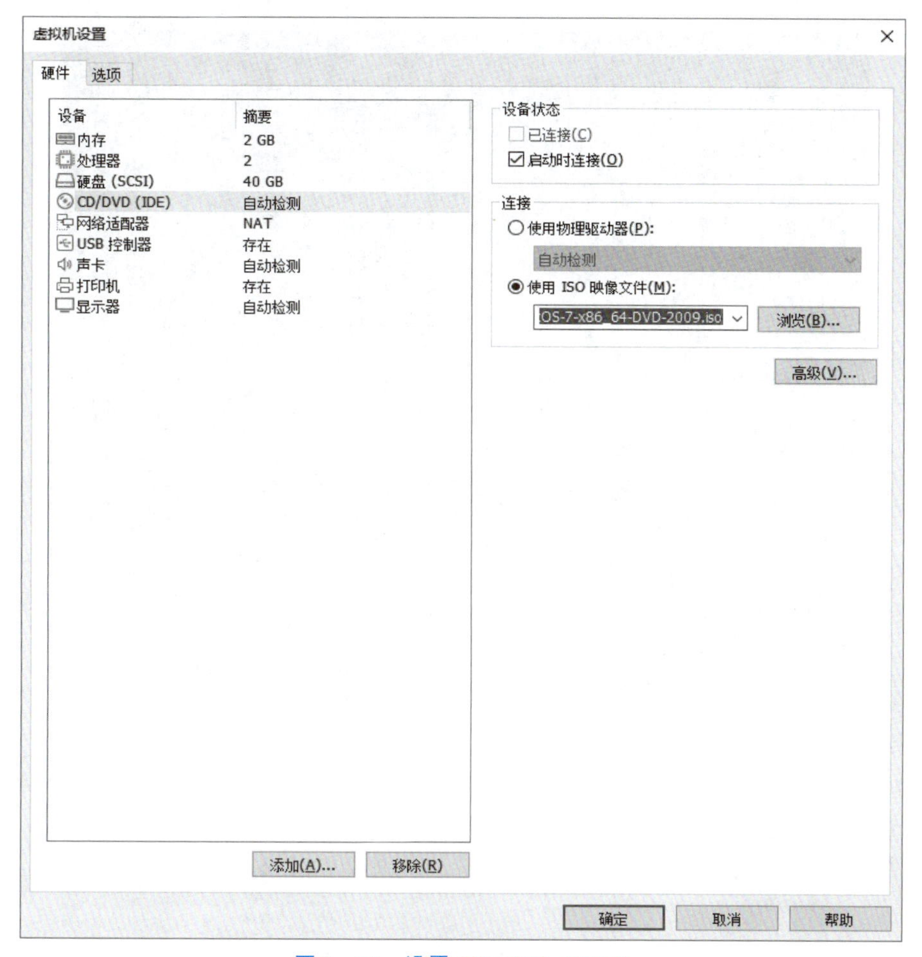

图 2－11　设置 CD/DVD（IDE）

图 2－12　开启此虚拟机

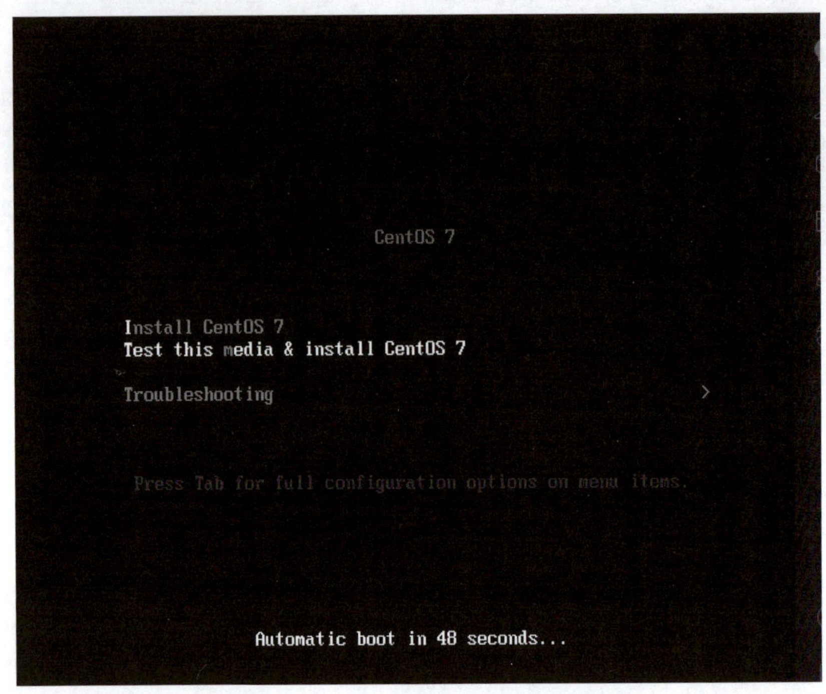

图 2－13　准备安装 CentOS 7 界面

（15）选择系统安装时使用的语言，依次选中“中文”→“简体中文（中国）”，如图 2－14 所示，单击“继续”按钮。

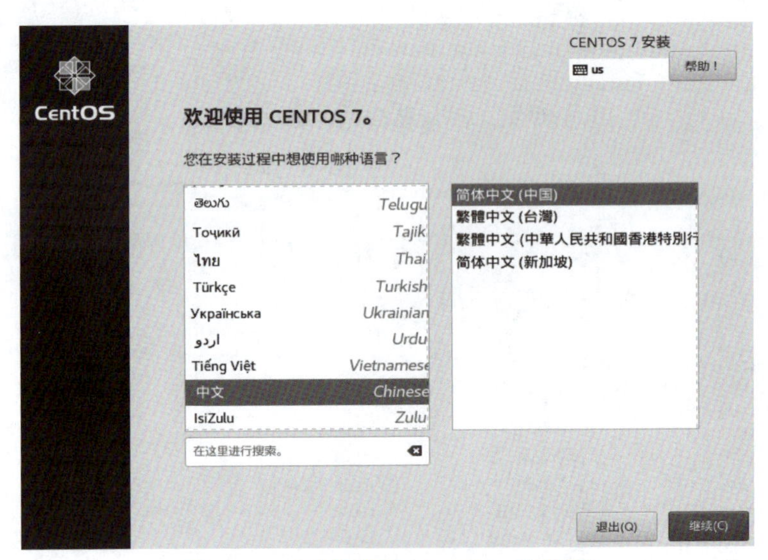

图 2－14　“欢迎使用 CENTOS 7”界面

（16）打开“安装信息摘要”界面后，如图 2－15 所示，单击“安装位置”，进行系统分区。

（17）在“安装目标位置”界面，确保“本地标准磁盘”处于选中状态，在“分区”下选择“我要配置分区”，如图 2－16 所示，单击“完成”按钮。

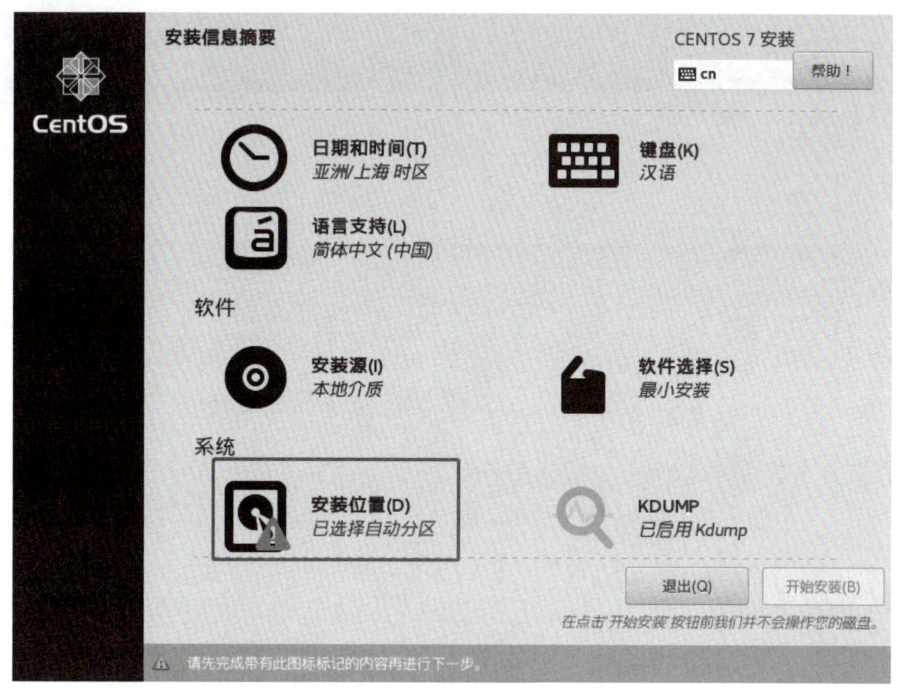

图 2－15　“安装信息摘要”界面

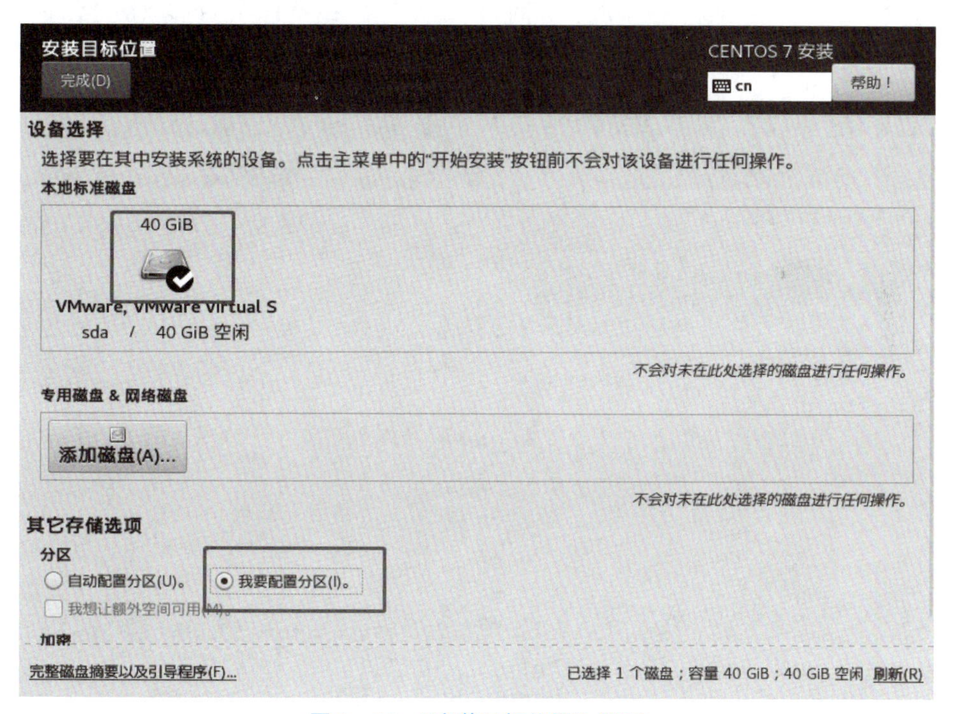

图 2－16　“安装目标位置”界面

（18）在“手动分区”界面“新挂载点将使用以下分区方案”的下拉菜单中选择“标准分区”，然后单击“点这里自动创建它们”，如图 2－17 所示。

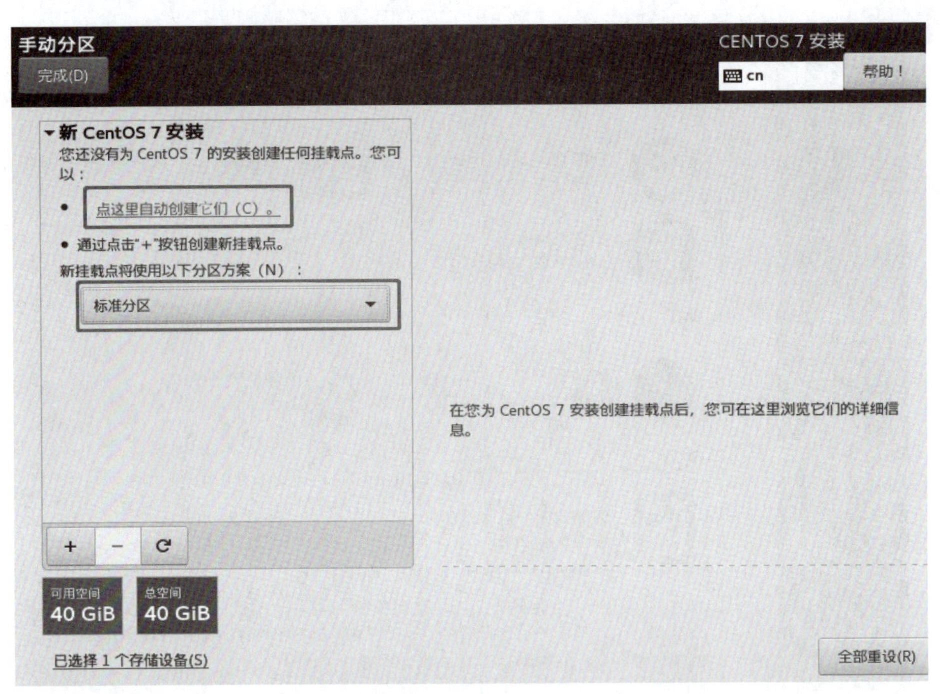

图 2－17　选择分区方案

此时，可以看到系统的分区情况，如图 2－18 所示，在界面右侧可以对分区的“期望容量”“设备类型”“文件系统”进行设置，其中：

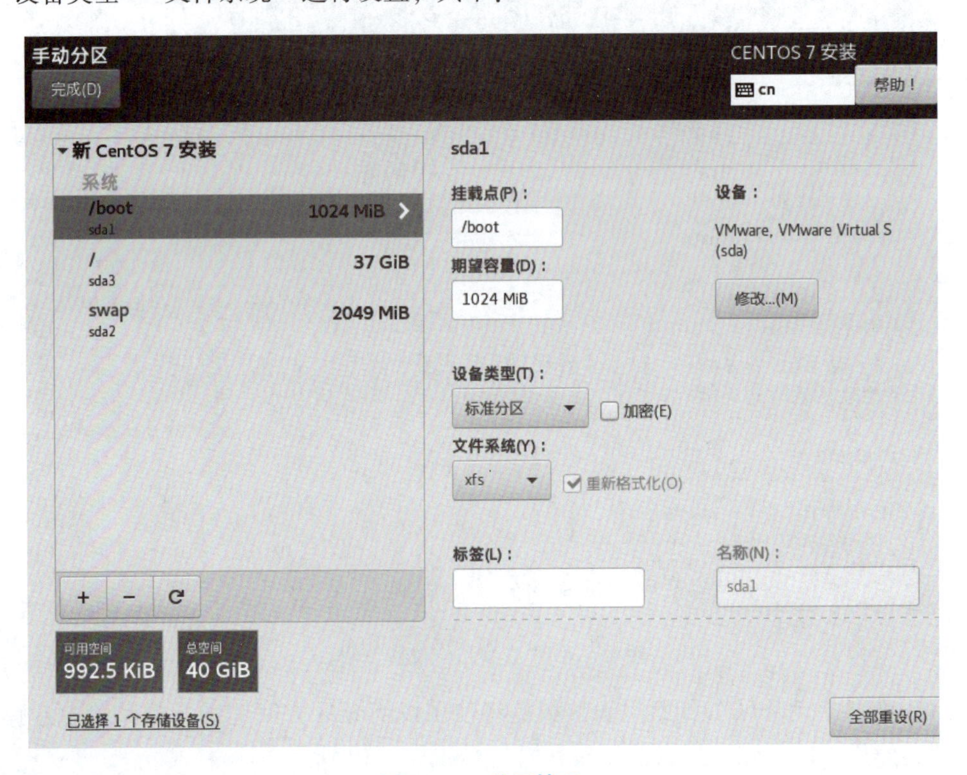

图 2－18　分区情况

/boot：表示启动目录。

/：表示根目录。

swap：表示虚拟内存分区。

单击“+”按钮，可创建新的分区，如/home、/usr、/var 和/tmp 等。

思考：按以下要求分区，应该如何操作？

- /boot 分区大小为 300 MB；
- swap 分区大小为 4 GB；
- /分区大小为 10 GB；
- /usr 分区大小为 8 GB；
- /home 分区大小为 8 GB；
- /var 分区大小为 8 GB；
- /tmp 分区大小为 1 GB。

（19）设置好分区后，单击“完成”按钮，弹出“更改摘要”界面，单击“接受更改”，如图 2－19 所示。

图 2－19　“更改摘要”界面

（20）返回“安装信息摘要”界面，如图 2－20 所示，单击“软件选择”。

（21）在弹出的“软件选择”界面中，选择“带 GUI 的服务器”，如图 2－21 所示，然后单击“完成”按钮。

（22）返回“安装信息摘要”界面，单击“开始安装”按钮。

（23）打开“配置”界面，在“用户设置”下，单击“ROOT 密码”，如图 2－22 所示。

图 2－20 “安装信息摘要”界面

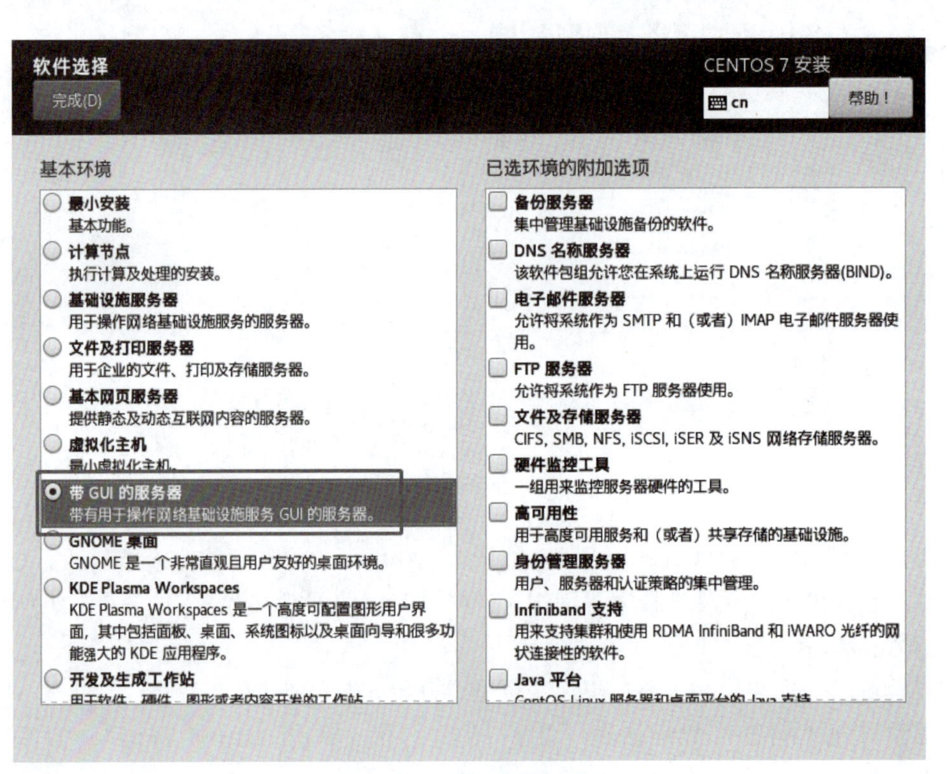

图 2－21 “软件选择”界面

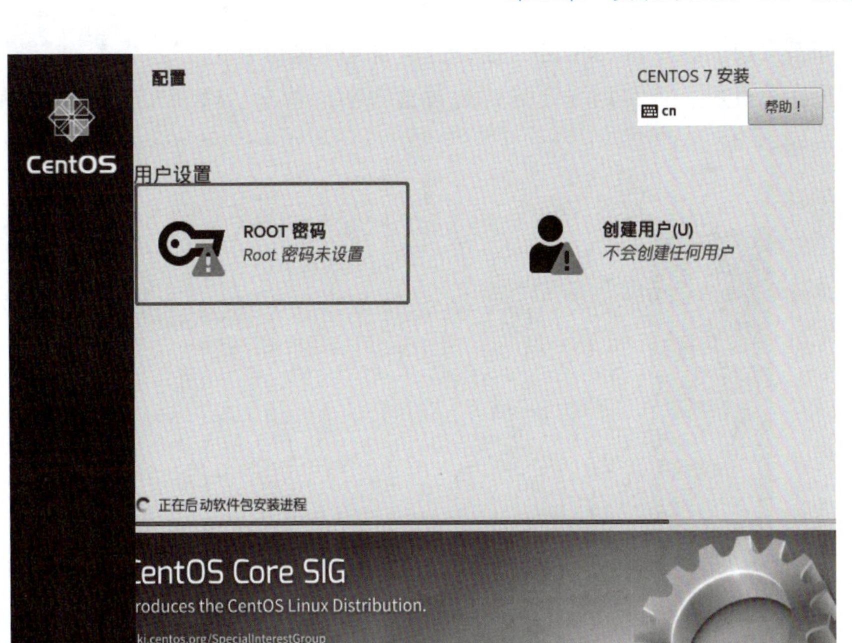

图 2－22　“配置”界面

（24）打开“ROOT 密码”界面，如图 2－23 所示，输入 Root 密码和确认密码，单击“完成”按钮。如果密码设置简单，需要单击两次“完成”按钮。

图 2－23　“ROOT 密码”界面

（25）安装完成后，单击“重启”按钮，重启虚拟操作系统。

（26）重启系统后，将看到系统的初始设置界面，单击“LICENSE INFORMATION”选项，如图 2 – 24 所示。

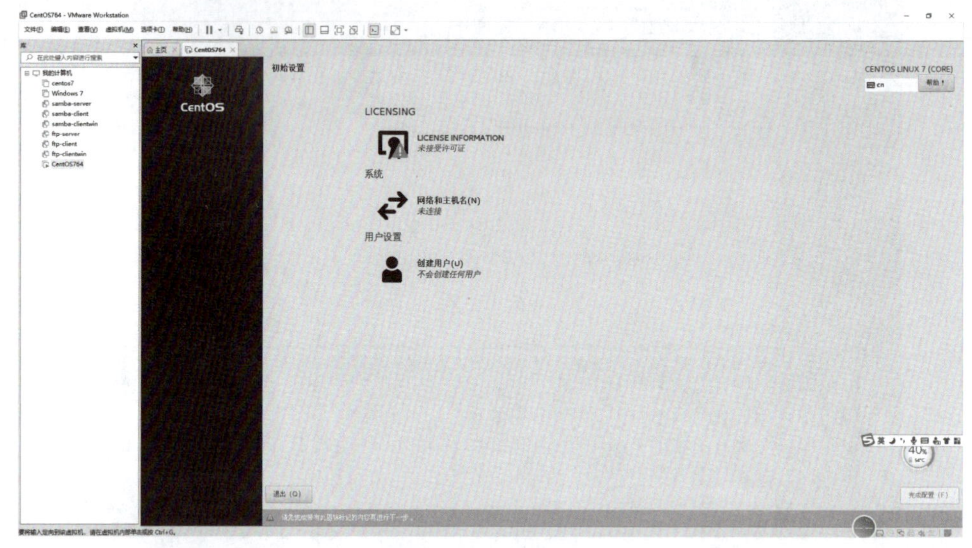

图 2 – 24　初始设置

（27）勾选“我同意许可协议”，然后单击左上角的“完成”按钮，如图 2 – 25 所示。

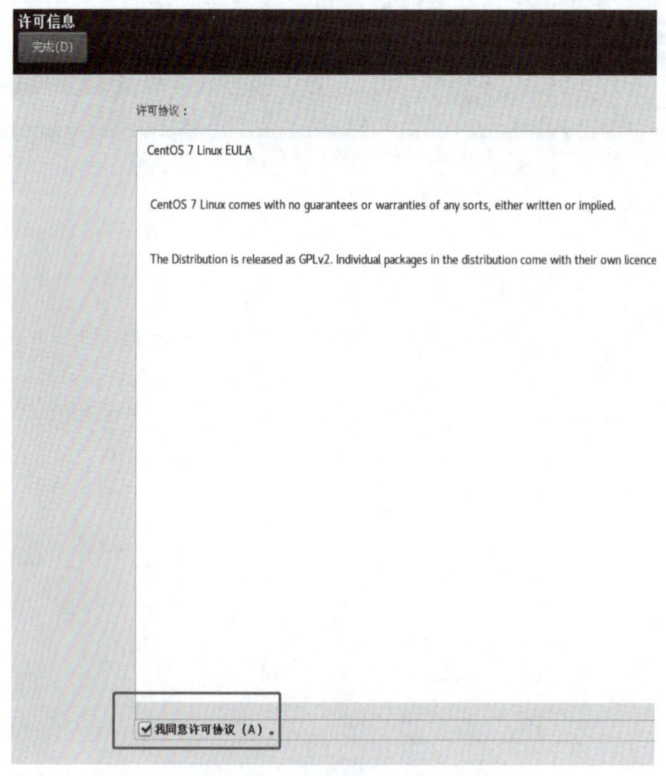

图 2 – 25　许可信息

（28）返回到“初始设置”界面后，单击“完成配置”按钮。

（29）系统再次重启，看到欢迎界面，单击“前进”按钮。

（30）在隐私设置界面，单击“前进”按钮。

（31）在“时区”界面选择“上海，上海，中国”，如图 2－26 所示，单击“前进”按钮。

图 2－26　“时区”界面

（32）在“在线账号”界面，单击“跳过”按钮。

（33）在“关于您”界面，设置全名和用户名都为 tom，如图 2－27 所示。单击“前进”按钮，在“密码”界面设置密码并确认，如图 2－28 所示，单击“前进”按钮。

图 2－27　“关于您”界面

（34）在“准备好了”界面，单击“开始使用 CentOS Linux（S）”按钮。

（35）首次进入桌面，系统以“tom”身份登录，如图 2－29 所示，单击“关机”按钮。

图 2-28 设置密码

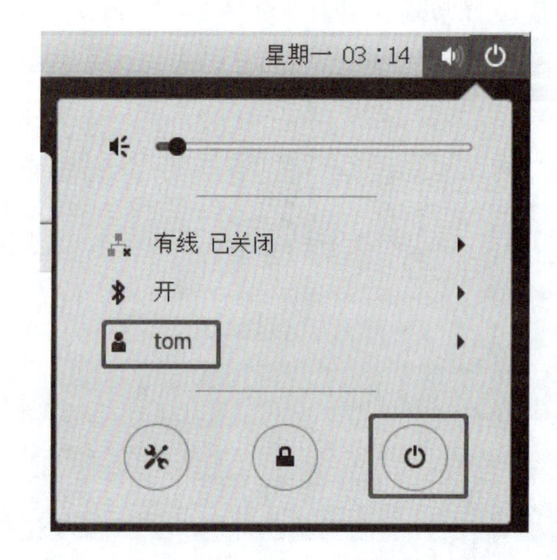

图 2-29 关机重启系统

（36）在弹出的“关机”界面中单击“重启”按钮，如图 2-30 所示。

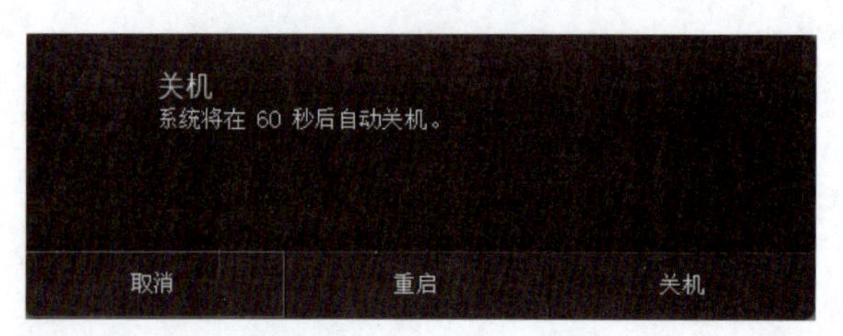

图 2-30 “关机”界面

（37）系统重启后，进入用户选择界面，单击“未列出?”，如图 2－31 所示。输入用户名“root”，如图 2－32 所示。单击“下一步”按钮，输入密码，如图 2－33 所示。单击“登录”按钮。

图 2－31　未列出

图 2－32　用户名

图 2－33　密码

（38）进入“欢迎”界面，选择系统使用语言为“汉语”，单击“前进”按钮。

（39）在“输入”界面，选择键盘布局为“汉语”，单击“前进”按钮。

（40）在“隐私”界面，单击“前进”按钮。

（41）在“在线账号”界面，单击“跳过”按钮。

（42）在“准备好了”界面，单击“开始使用 CentOS Linux（S）”按钮，如图 2－34 所示，就可以使用虚拟操作系统了。

图 2-34　准备好了界面

2.2　熟练配置实验环境

熟练配置
实验环境

2.2.1　知识准备

1. 快照

VMware Workstation 是一款虚拟化软件，它可以在计算机上创建和运行多个虚拟机，每个虚拟机就像一台完整的计算机系统。而虚拟机快照则是 VMware Workstation 中的一个非常有用的功能，它可以记录虚拟机的状态，以便在需要时快速恢复到之前的状态。

虚拟机快照可以在虚拟机运行时或者停止时创建，它记录了虚拟机的硬盘、内存、CPU 等状态，并保存在虚拟机所在的目录中。创建快照之后，可以随时恢复到快照创建时的状态，也可以在恢复后继续使用虚拟机并创建新的快照。如果在恢复过程中发现问题，也可以很容易地回滚到之前的状态，并重新开始。

使用虚拟机快照可以带来很多好处。首先，它可以保护虚拟机的状态，即使不小心删除或更改了文件、应用程序或操作系统，也可以快速恢复到之前的状态。其次，它可以帮助测试和开发人员快速测试与调试应用程序，而不必担心影响现有系统。最后，它还可以帮助 IT 管理员快速恢复虚拟机，以减少停机时间并提高系统的可用性。

2. 克隆

在 VMware Workstation 中，虚拟机克隆是一种非常有用的功能，它可以帮助用户快速创建一个与现有虚拟机完全相同的副本。

虚拟机克隆可以在虚拟机运行时或者停止时进行。在进行克隆操作时，用户可以选择克隆整个虚拟机，包括虚拟磁盘、配置文件、操作系统等，也可以选择只克隆虚拟磁盘或者其他特定的部分。克隆操作会为新的虚拟机生成唯一的标识符，以确保与原始虚拟机彼此独立。

虚拟机克隆功能可以带来很多好处。首先，它可以帮助用户快速部署多台相同配置的虚拟机，无须重复安装操作系统和应用程序。这对于大规模部署或者测试和开发环境非常有用。其次，克隆后的虚拟机与原始虚拟机相互独立，可以进行单独的配置和管理，而不会影响其他虚拟机。最后，克隆功能还可以用于创建虚拟机备份，以便在需要时恢复虚拟机到之前的状态。

克隆就是原始虚拟机全部状态的一个拷贝，或者说一个镜像。VMware 支持两种类型的克隆：完整克隆和链接克隆。完整克隆可以脱离原始虚拟机独立使用；链接克隆需要和原始虚拟机共享同一虚拟磁盘文件，不能脱离原始虚拟机独立运行。

3. IP 地址配置

在 CentOS 7 系统中，静态 IP 地址配置是指手动为网络接口设置一个固定的 IP 地址，与动态分配的 IP 地址相对应。静态 IP 地址配置的作用是确保网络设备在每次连接到网络时都具有相同的 IP 地址，从而方便其他设备与其进行通信和访问。

静态 IP 地址配置具有重要的意义：

网络稳定性：静态 IP 地址配置可以确保网络设备具有固定的 IP 地址，避免了每次连接到网络时 IP 地址的变化。这有助于提高网络的稳定性和可靠性，以便其他设备可以始终找到并与其进行通信。

管理和控制：通过静态 IP 地址配置，网络管理员可以更好地管理和控制网络设备。他们可以根据需要为每个设备分配特定的 IP 地址，以便更好地组织和管理网络资源。

服务和访问：静态 IP 地址配置使其他设备可以轻松访问和使用网络设备上提供的服务。例如，如果某台服务器具有静态 IP 地址，其他设备就可以通过该 IP 地址访问该服务器上的共享文件、网站或其他网络服务。

安全性：静态 IP 地址配置还有助于提高网络的安全性。通过限制特定 IP 地址的访问权限，可以更好地控制网络设备的访问和通信，从而增强网络的安全性。

2.2.2　案例目标

（1）掌握拍摄快照的方法。

（2）掌握克隆虚拟机的方法。

（3）掌握静态 IP 地址的配置。

2.2.3　案例描述

拍摄快照，克隆虚拟机，配置虚拟机的 IP 地址。

2.2.4　案例分析

使用 CentOS 虚拟操作系统拍摄快照，然后使用链接克隆的方法克隆一台虚拟机，在默认的网络连接 NAT 模式下配置虚拟机的静态 IP 地址为 192.168.200.10。

2.2.5 案例实施

（1）选中“centos764”，在菜单栏中单击“管理此虚拟机的快照”按钮，如图 2－35 所示，打开“拍摄快照”窗口。

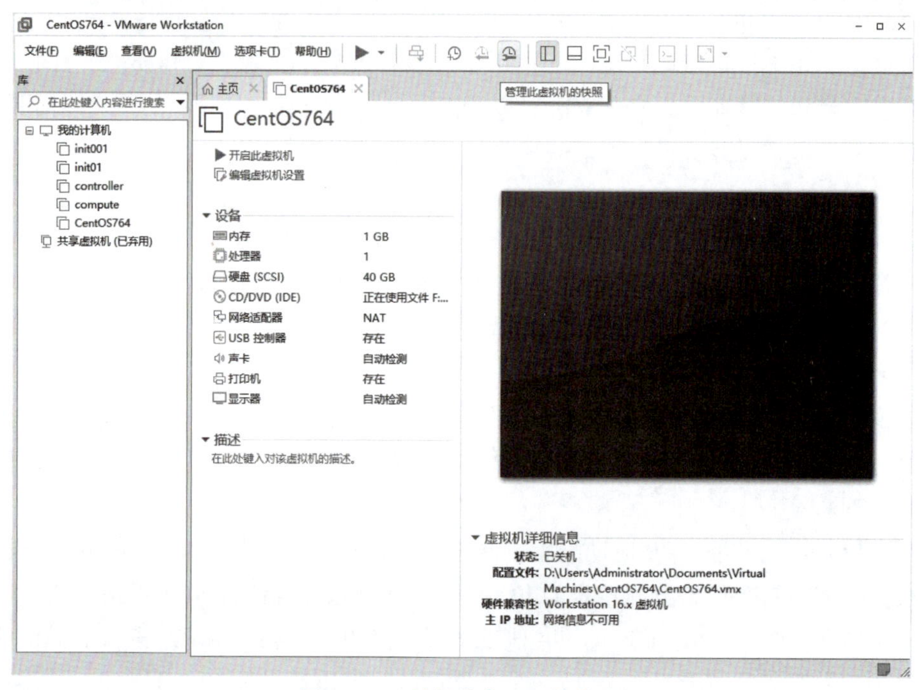

图 2－35 拍摄此虚拟机的快照

（2）在“拍摄快照”窗口中填入快照的名称（如“snap1”）和描述，单击“拍摄快照”按钮，如图 2－36 所示。

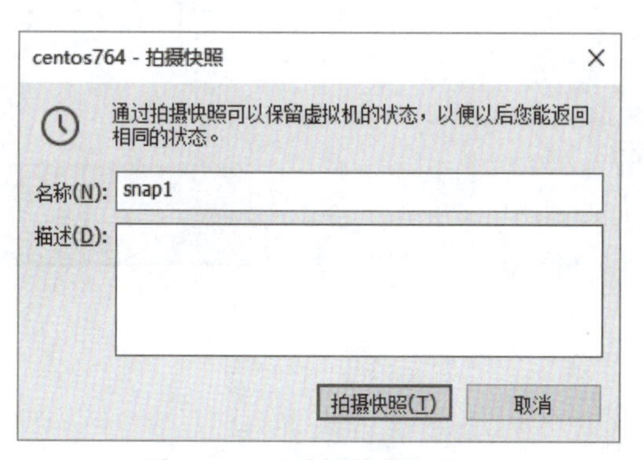

图 2－36 “拍摄快照”窗口

（3）选中“centos764”，单击“管理此虚拟机的快照”按钮，打开“快照管理器”。

（4）在“快照管理器”界面，可以查看拍摄的快照，并可以进行相应操作，如图 2－37 所示。

（5）选中“centos764”，单击菜单栏上的“虚拟机”按钮，依次选择“管理”→“克隆”，如图 2－38 所示。克隆虚拟机只能在虚拟机未启动的状态下进行。

图 2－37　快照管理器

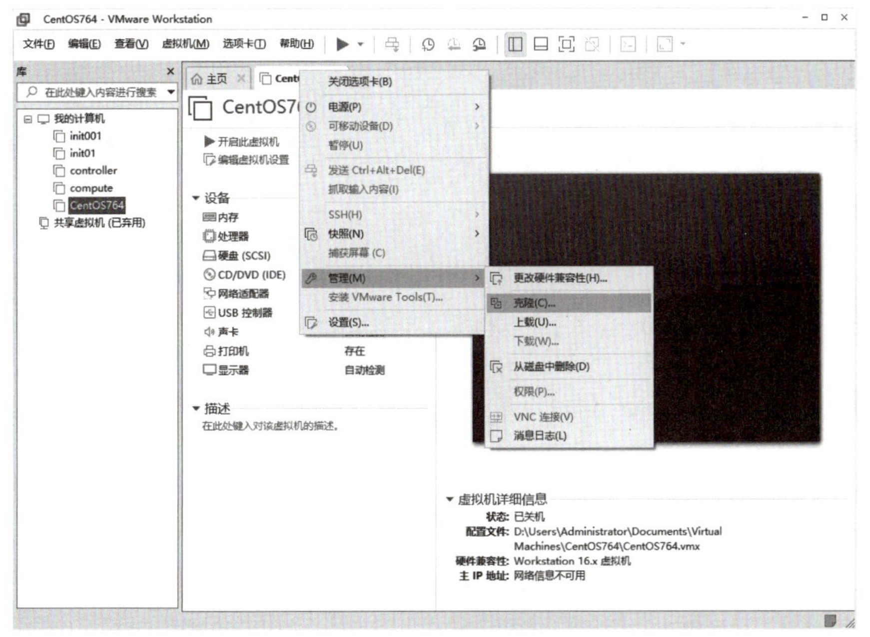

图 2－38　克隆虚拟机

（6）在打开的“克隆虚拟机向导”界面，单击“下一步”按钮，如图 2－39 所示。

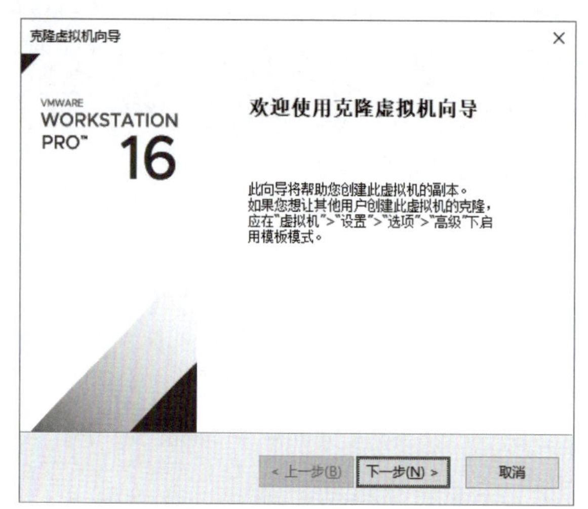

图 2－39　欢迎使用克隆虚拟机向导

（7）在“克隆自”下选择“虚拟机中的当前状态”，如图 2－40 所示，单击“下一步”按钮。

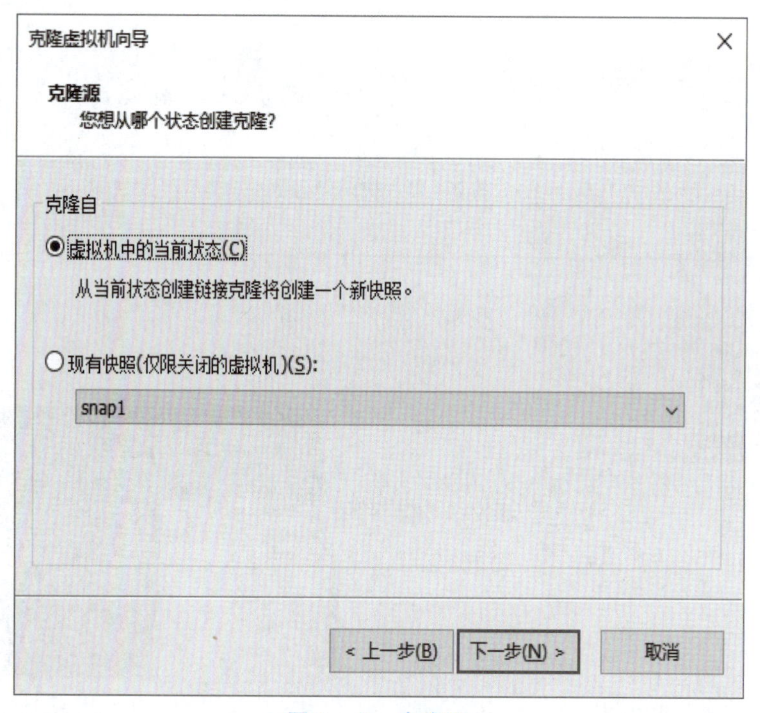

图 2－40　克隆源

克隆可以通过虚拟机当前的状态来操作，也可通过现有快照来操作。

（8）在“克隆方法”下选择“创建链接克隆”，如图 2－41 所示，单击“下一步”按钮。

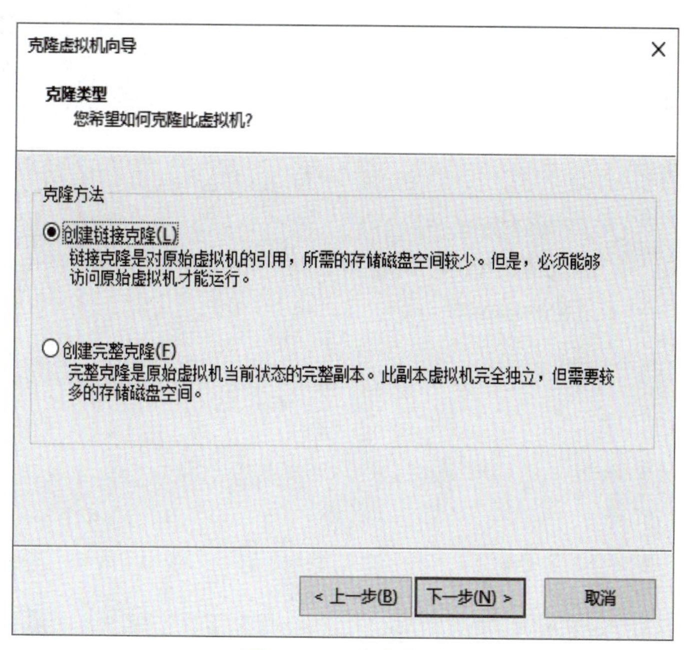

图 2－41　克隆类型

（9）设置克隆的虚拟机名称为“centos764－clone1”，修改存放位置，如图 2－42 所示，单击“完成”按钮。

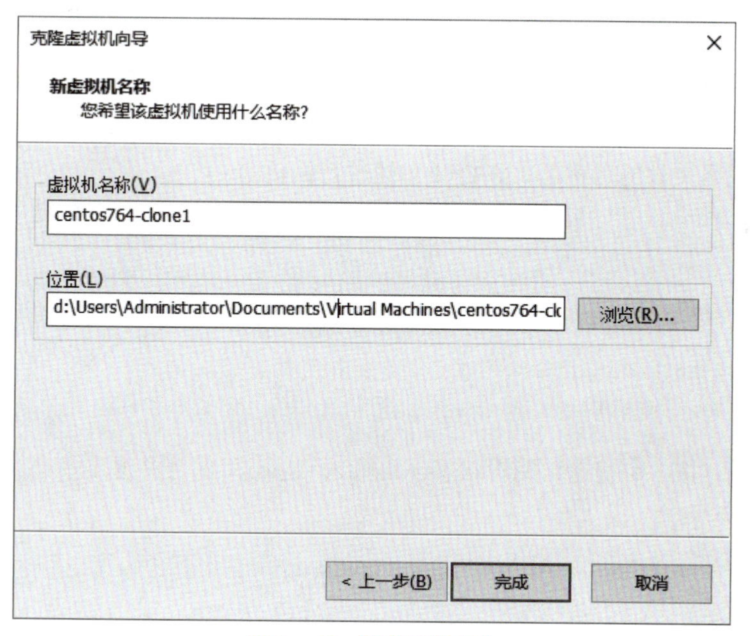

图 2－42　新虚拟机名称

（10）在“正在克隆虚拟机”界面看到“完成”后，如图 2－43 所示，单击“关闭”按钮，在 VMware Workstation 16 Pro 界面左侧“我的计算机”下，就可以看到克隆好的虚拟机“centos764－cone1”。

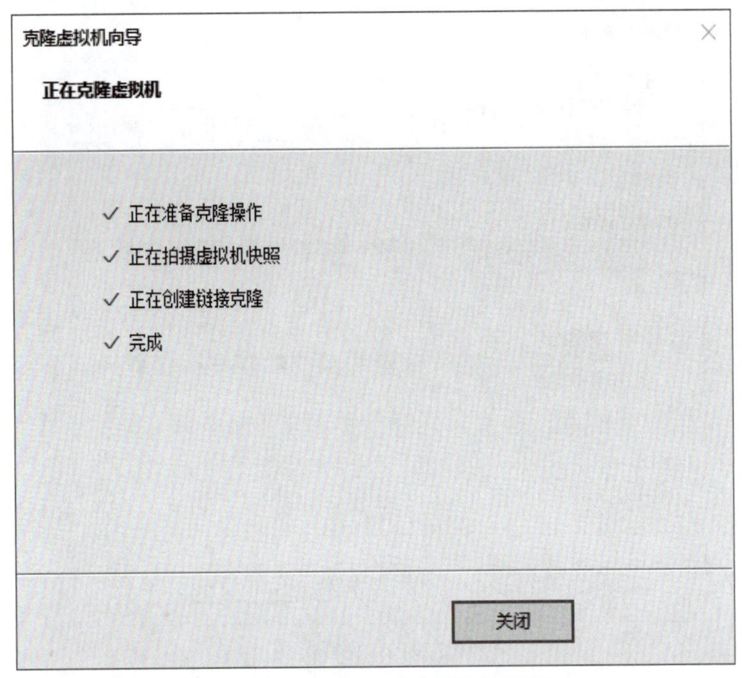

图 2－43 “正在克隆虚拟机”界面

（11）启动虚拟机后，打开网络配置文件进行编辑。输入命令：

```
vi /etc/sysconfig/network-scripts/ifcfg-ens33
```

按 Enter 键，打开文件，按 a 键，进入编辑状态，修改以下字段，将没有的内容增加到文件内。（注：ifcfg－ens33 是网络文件的名称，可先使用命令“ls/etc/sysconfig/network－scripts/”查看网络文件的名称后，再打开文件进行编辑。）

```
BOOTPROTO=static
ONBOOT=yes
IPADDR=192.168.100.10
PREFIX=24
GATEWAY=192.168.100.2
DNS1=114.114.114.114
```

修改完成后，按 Esc 键退出编辑状态，再输入“:wq”保存并退出。

（12）重启网络。

```
[root@localhost ~]# systemctl restart network
```

（13）查看配置的 IP 地址。

```
[root@localhost ~]# ip a
```

（14）在实训项目中，经常需要用 Windows 操作系统做测试，安装一台 Windows 虚拟机十分必要。安装 Win7 虚拟操作系统需要注意在“选择客户机操作系统”界面选择“Microsoft Windows”，版本选择“Windows 7”，如图 2－44 所示。

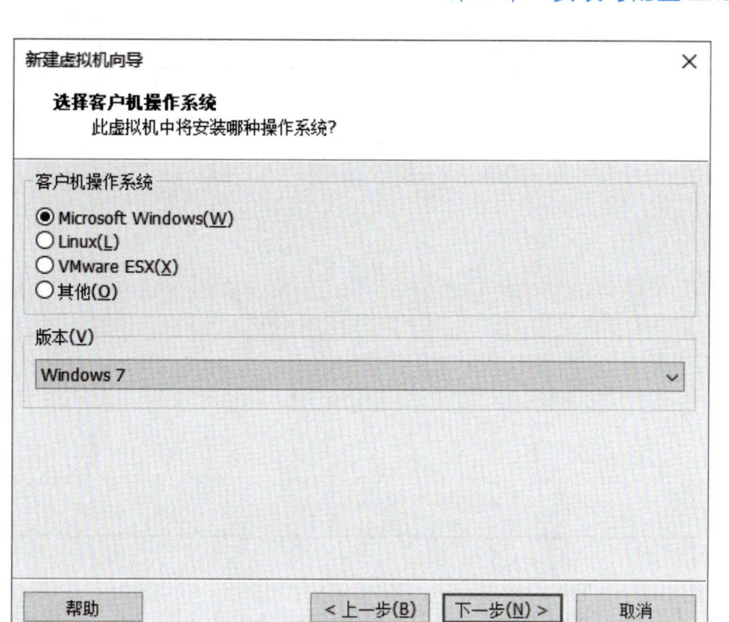

图 2-44 安装 Win7 选择客户机操作系统界面

任务评价表

评价类型	赋分	序号	具体指标	分值	得分		
					自评	组评	师评
职业能力	55	1	安装虚拟机方案设计合理	15			
		2	软件、镜像准备正确	10			
		3	虚拟机安装正确	10			
		4	快照、镜像操作正确	10			
		5	IP 地址配置正确	10			
职业素养	20	1	坚持出勤，遵守纪律	5			
		2	协作互助，解决难点	5			
		3	按照标准规范操作	5			
		4	持续改进优化	5			
劳动素养	15	1	按时完成，认真填写记录	5			
		2	保持工位卫生、整洁、有序	5			
		3	小组分工合理性	5			
思政素养	10	1	完成思政素材学习	4			
		2	完成课程思政心得	6			
总分				100			

<table>
<tr><th colspan="2">总结反思</th></tr>
<tr><td colspan="2">• 目标达成：知识　　　　　能力　　　　　素养</td></tr>
<tr><td>• 学习收获：</td><td rowspan="2">• 教师寄语：

签字：</td></tr>
<tr><td>• 问题反思：</td></tr>
</table>

❖ 本章小结

本章主要介绍了 VMware Workstation 和 CentOS 的相关知识，安装配置了虚拟机操作系统，并列出了拍摄快照、克隆虚拟机、修改静态 IP 地址等的具体操作步骤。

❖ 理论习题

1. 打开网络文件 ifcfg - ens33，应该使用命令________。
2. 查看 IP 地址可以使用的命令是________。
3. 重启网络可以使用的命令是________。

❖ 实践习题

1. 使用 VMware Workstation 软件安装一台虚拟机，软件选择最小安装，镜像使用 CentOS 7.9。
2. 拍摄 2 个快照，第 1 个要求在开机状态下，名称为 snap_poweroff；第 2 个要求关闭虚拟机，名称为 snap_running。
3. 克隆一台虚拟机，要求使用快照 snap_poweroff，完整克隆，名称为 controller。
4. 配置虚拟机的 IP 地址为 192.168.200.10。

❖ 深度思考

1. 在安装 CentOS 时，应该如何选择合适的分区方案？考虑到数据安全和性能等方面的因素，应该采取什么样的分区策略？
2. CentOS 支持多种文件系统，如 Ext4、XFS 等。在安装过程中，如何选择适合自己需求的文件系统？不同的文件系统对性能、可靠性和扩展性等方面有何影响？
3. 在进行分区时，如何确定每个分区的大小？根据系统需求和实际应用场景，如何合理地分配磁盘空间？应该考虑哪些因素来决定分区的大小？

❖ 项目任务单

<table>
<tr><td>项目任务</td><td colspan="3"></td></tr>
<tr><td>小组名称</td><td></td><td>小组成员</td><td></td></tr>
<tr><td>工作时间</td><td></td><td>完成总时长</td><td></td></tr>
<tr><td colspan="4">项目任务描述</td></tr>
<tr><td colspan="4"></td></tr>
<tr><td rowspan="5">小组分工</td><td>姓名</td><td colspan="2">工作任务</td></tr>
<tr><td></td><td colspan="2"></td></tr>
<tr><td></td><td colspan="2"></td></tr>
<tr><td></td><td colspan="2"></td></tr>
<tr><td></td><td colspan="2"></td></tr>
<tr><td colspan="4">任务执行结果记录</td></tr>
<tr><td>序号</td><td>工作内容</td><td>完成情况</td><td>操作员</td></tr>
<tr><td>1</td><td></td><td></td><td></td></tr>
<tr><td>2</td><td></td><td></td><td></td></tr>
<tr><td>3</td><td></td><td></td><td></td></tr>
<tr><td>4</td><td></td><td></td><td></td></tr>
<tr><td colspan="4">任务实施过程记录</td></tr>
<tr><td colspan="4"></td></tr>
</table>

第 3 章

熟练使用Linux命令

❖ 知识导读

在文本模式或者终端模式下，经常使用 Linux 命令来查看系统的状态，例如：浏览指定目录下的文件、对目录或文件进行操作等。在 Linux 的早期版本中，由于不支持图形化界面，用户基本上都是通过命令行方式操作 Linux 操作系统，因此，掌握最常用的 Linux 命令就显得非常重要。

Linux 提供了大量的命令，利用它可以有效地完成大量的工作，如磁盘操作、文件存取、目录操作、进程管理、文件权限设定等。所以，在 Linux 系统上工作离不开使用系统提供的命令。要想真正理解 Linux 系统，就必须从 Linux 命令学起。初学者通过学习基础的命令，可以进一步理解 Linux 系统。经验丰富的运维人员可以恰当地组合命令与参数，使 Linux 字符命令更加灵活且减少系统资源消耗。

❖ 知识目标

- 理解 Linux 常用命令格式和特点。
- 理解文件处理命令。
- 理解文件查看命令。
- 理解权限管理命令。
- 理解文件搜索命令。
- 理解网络管理与通信命令。
- 理解压缩、解压缩和帮助命令。

❖ 技能目标

- 熟悉 Linux 操作环境。
- 熟练 Linux 各类命令的使用方法。
- 熟练使用文件操作命令。
- 熟练使用网络管理与通信命令。
- 熟练使用压缩、解压缩和帮助命令。

❖ 思政目标

- 纸上得来终觉浅，绝知此事要躬行。

➢ 量变引起质变。

"课程思政"链接
融入点：纸上得来终觉浅，绝知此事要躬行　思政元素：量变引起质变
Linux 操作系统的操作命令很多，既枯燥，又难记，在进行操作命令的教学和实践时，通过引入"李时珍和曼陀罗""纸上得来终觉浅，绝知此事要躬行"等故事，让学生明白从书本上得来的知识毕竟不够完善，操作命令很好理解，也好记忆，但是要熟练地掌握各个命令的使用方法，还必须亲自实践，鼓励学生多实践，实践出真知；通过引入"荷花定律"，启示学生"成功需要日积月累、厚积薄发、积累沉淀"，熟练地运用各个命令并非一蹴而就，一劳永逸，所有的成功都需经历漫长的探索、成长，坚持不懈地奋斗，唯有厚积才能薄发，经历过量变，突破到一定的临界点才会迎来质变，人做事，在有了决心和信息之后还需要有恒心，即"持之以恒"。 一个人的成才成功之路，也不是一帆风顺的。立定远大志向，好好学习，天天向上；选择研究的专业领域，学思践悟，深耕不懈，持续精进，唯有经历成长的量变，终会迎来成功之花的盛开之时。
参考资料：陆游《冬夜读书示子聿》讲解、赏析（https://haokan.baidu.com/v?vid=9080221773229098349）

❖ 1+X 证书考点

1. 网络系统软件应用与维护职业技能等级要求（初级）

3. Linux 操作系统基础配置	3.1 Linux 系统基础命令使用	3.1.1 能根据 Linux 系统基础命令工作任务要求，熟练掌握常用系统工作命令的使用，正确运用命令。 3.1.2 能根据 Linux 系统基础命令工作任务要求，熟练掌握文本文件编辑命令的使用，正确运用命令。 3.1.3 能根据 Linux 系统基础命令工作任务要求，熟练熟悉文件目录管理命令的使用，正确运用命令。 3.1.4 能根据 Linux 系统基础命令工作任务要求，熟练熟悉打包压缩与搜索命令的使用，正确运用命令。

2. 云计算平台运维与开发职业技能等级要求（中级）

3. Linux 系统与服务构建运维	3.2 Linux 常用命令与工具应用	（1）Linux 命令格式与命令帮助，掌握 man、info 等帮助命令，熟悉 pwd、cd、ls、touch、mkdir、cp、rm 等目录及文件操作命令，熟悉 cat、more、less、head、tail 等文件内容操作命令，熟悉 gzip/gunzip、bzip2/bunzip2、xz/unxz、zip/unzip、tar 等文件处理命令，熟悉 find、locate、which、whereis 等查找命令，熟悉 yum、rpm 等软件包操作命令。 （2）Linux vi 文本编辑器使用，熟悉 vi 文本编辑器的使用。 （3）Linux 系统网络配置，熟悉网络的基本配置、防火墙和 SELinux 等的使用。

3.1　熟练使用 Linux 常用命令

熟练使用
Linux 常用命令

3.1.1　命令格式

Linux 操作系统是一种开源的操作系统，其命令行界面提供了与系统交互的方式。命令行是用户通过键入命令来执行操作或访问系统资源的界面，用户可以在命令行中输入各种命令，然后系统会执行相应的操作或返回相关信息。

1. 命令的提示符

命令提示符是在命令行界面中显示的特殊符号或字符，用于指示用户输入命令的位置，在 Linux 系统中，常见的命令提示符包括 $ 、#、 ~ 、@ 等。

（1） $ ：一般表示普通用户的命令提示符。当用户使用普通权限登录系统时，命令提示符通常是以 $ 符号开头，表示当前用户可以执行一般的命令操作。

（2） #：一般表示超级用户（root）的命令提示符。当用户以超级管理员身份登录系统时，命令提示符通常是以#符号开头，表示当前用户具有系统管理员权限，可以执行特权操作。

（3） ~ ：表示当前用户所在的目录是家目录。

（4） @ ：表示这是一个分隔符号，没有特殊含义。

命令提示符举例：

[root@ localhost ~] #

[ ]：这是提示符的分隔符号，没有特殊含义。

root：显示的是当前的登录用户。

@ ：分隔符号，没有特殊含义。

localhost：当前系统的简写主机名，完整主机名是 localhost. localdomain。

2. 命令的基本格式

Linux 命令通常遵循的基本格式如下：

```
[root@localhost ~]#命令 [选项] [参数]
```

Linux 命令基本都遵循上述格式，[ ] 表示可选项，可有可无。其中，命令表示命令的名称；选项定义了命令的执行特性，用于调整命令的功能；参数表示命令的作用对象，如果命令省略了参数，是因为有默认参数，否则，所有的命令都应该有参数。

图 3 - 1 中的命令都表示删除目录 dir。rm（删除文件）表示命令的名称； - r 为选项，表示删除目录中的文件和子目录；dir 为命令中的对象，该对象是一个目录。Linux 系统的命令都遵循以上格式。

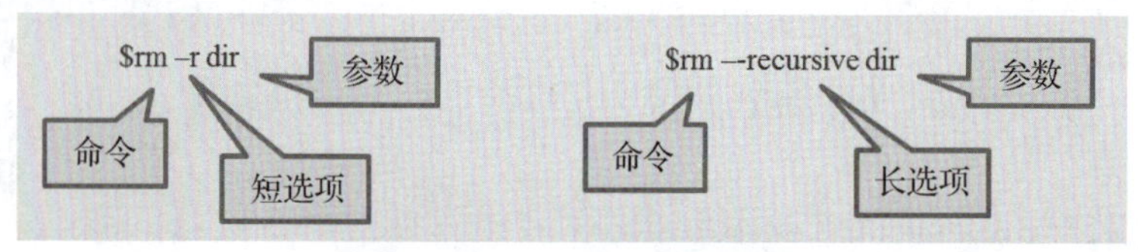

图 3 – 1　Linux 命令格式举例

注：命令中的选项可以使用短选项和长选项来表示，短选项表示只有一个选项，而长选项通常表示两个及以上选项，使用长选项时，可将多个选项合并。

3.1.2　命令特点

作为一款开源的操作系统，Linux 命令是 Linux 操作系统的重要组成部分，通对过基础命令的学习，可以进一步理解 Linux 系统。Linux 命令的特点主要有：

（1）在 Linux 系统中，命令区分大小写。在命令行中，可以使用 Tab 键来自动补齐命令。

（2）利用向上或向下的光标键，可以翻查曾经执行过的命令，并可以再次执行。

（3）如果要在一个命令行上输入和执行多条命令，可以使用分号来分隔命令，如“cd/;ls”。

（4）断开一个长命令行，可以使用反斜杠“\”，可以将一个较长的命令分成多行表达，增强命令的可读性。执行后，shell 自动显示提示符“>”，表示正在输入一个长命令，此时可继续在新行上输入命令的后续部分。

（5）终端操作：Linux 命令主要通过命令行终端进行操作，与图形界面不同，它使用纯文本方式输入命令并获取结果。这种终端操作的方式相对直接和高效，减少了系统负担，尤其适用于远程登录、服务器管理等场景。

（6）多样化命令：Linux 提供了丰富的命令用于完成各种操作，涉及文件管理、进程管理、网络管理、权限管理等方面。例如，通过 ls 命令可以查看文件列表，通过 cp 命令可以复制文件，通过 grep 命令可以搜索指定文本等。

（7）命令和选项：Linux 命令通常由一个命令名和若干选项组成。命令名用于指定要执行的具体操作，而选项则用于修改命令的行为和控制命令的输出。多数 Linux 命令还支持各种参数，通过参数可以进一步配置命令的行为。

（8）丰富的帮助文档：Linux 命令提供了详尽的帮助文档，用户可以通过命令加上 --help 选项或 man 命令查看命令使用说明。帮助文档对于各个命令的参数、使用方法和例子都做了详细的说明和示范，便于用户学习和使用。

（9）强大的权限管理：Linux 命令提供了严格的权限管理机制，可以对文件和目录进行权限控制。用户可以分别设定文件的读、写和执行权限，实现对数据的严密保护。

（10）丰富的系统管理功能：Linux 命令提供了强大的系统管理功能，包括用户管理、进程管理、网络管理等。用户可以借助这些功能对系统进行监控和管理，保证系统的稳定性和安全性。

3.2 项目实训一：熟练使用文件、目录操作命令

Linux 常用命令可以分为文件操作命令、网络管理与通信命令、压缩解压命令、帮助命令。其中，文件操作命令又可分为文件处理命令、文件查看命令、权限管理命令和文件搜索命令。

项目实训一：熟练使用文件、目录操作命令

3.2.1 熟练使用文件处理命令

文件处理命令主要包括 pwd、ls、cd、touch、mkdir、cp、mv、rm、rmdir。

1. pwd 命令

pwd 命令用于显示用户当前所处的目录，该命令既没有选项，也没有参数，直接输入 pwd 即可。如果用户不知道自己当前所处的目录，就必须使用它。例如：

```
[root@localhost ~]# pwd
/root
```

通过上述 pwd 命令可以查看，用户当前所处的路径是/root，即，根目录下的 root 目录。

2. ls 命令

ls 命令的原意是 list，表示列出参数的属性信息，命令格式为：

```
ls [选项] [参数]
```

ls 命令中的参数见表 3 – 1。

表 3 – 1　Linux 命令参数

选项	说　明
–l	以详细信息的形式展示出当前目录下的文件
–a	显示当前目录下的全部文件（包括隐藏文件）
–d	查看目录属性
–t	按创建时间顺序列出文件
–i	输出文件的 inode 编号
–R	列出当前目录下的所有文件，并以递归方式显示各子目录中的文件和子目录信息

ls –a 命令表示显示当前目录下的所有文件信息，执行结果如下所示。在显示结果中多出了很多以 . 或 .. 开头的文件，分别表示当前目录和上级目录下的隐藏文件。

```
   [root@localhost ~]# ls -a
.          .bash_logout    .cache     .dbus        initial-setup-ks.cfg   公共   图
片  音乐..           .bash_profile  .config  .esd_auth      .local
模板  文档  桌面 naconda-ks.cfg  .bashrc       .cshrc  .ICEauthority    .tcshrc
视频     下载
```

3. cd 命令

cd 命令的原意是 change directory，表示切换目录，命令格式为：

```
cd [参数]
```

如果执行 cd 目录的用户有更改目录的权限，执行该命令后，将更改工作目录至目标目录。

（1） cd./dir，切换到以当前目录为相对路径的 dir 目录中。

（2） cd..，切换工作路径到上一级目录。

（3） cd/etc/yum，切换到绝对路径/etc/yum 目录中。

（4） cd ~，切换到当前用户的家目录。

执行 cd 命令的示例如下：

```
[root@localhost etc]# cd                    //改变目录位置至用户登录时的工作目录
[root@localhost ~]# cd dir1                 //改变目录位置至当前目录下的 dir1 子目录下
[root@localhost dir1]# cd ~                 /* 改变目录位置至用户登录时的工作目录(用户的
                                               家目录) * /
[root@localhost ~]# cd ..                   //改变目录位置至当前目录的父目录
[root@localhost/]# cd                       //改变目录位置至用户登录时的工作目录
[root@localhost ~]# cd ../etc               /* 改变目录位置至当前目录的父目录下的 etc 子目
                                               录下 * /
[root@localhost etc]# cd/dir1/subdir1/* 利用绝对路径表示改变目录到/dir1/subdir1
                                               目录下 * /
```

4. touch 命令

touch 命令的功能是更新已存在文件的时间标签，若指定的文件不存在，则新建该文件，也就是说，该命令有一个附加功能，即，创建一个空文件。命令格式为：

```
touch [参数]
```

执行 touch 命令的示例如下：

```
[root@localhost ~]# ls -l file
-rw-r--r--. 1 root root 0 7 月  20 19:20 file
[root@localhost ~]# touch file
[root@localhost ~]# ls -l file
-rw-r--r--. 1 root root 0 7 月  20 19:27 file
```

在上述命令的执行过程中，首先以显示全部信息的方式查看 file 文件，然后新建一个同名的 file 文件，再次显示全部信息，发现时间标签已更新。

5. mkdir 命令

mkdir 命令的原意是 make directory，表示创建目录，命令格式为：

```
mkdir [选项] 参数
```

参数一般为目录或路径名。为了确保新目录创建成功，新建的目录/路径要避免与同路径下的其他目录/路径重名。该命令中有两个重要的参数，见表 3-2。

表3-2　mkdir命令参数

选项	说　明
-p	若路径中的目录不存在，则先创建目录
-v	查看文件创建过程

执行mkdir　-pv. /testmkdir/yjm命令的示例如下所示：

```
[root@localhost ~]# mkdir -pv ./testmkdir/yjm
mkdir: 已创建目录 "./testmkdir"
mkdir: 已创建目录 "./testmkdir/yjm"
```

在该命令的执行过程中，./testmkdir/yjm表示在当前目录下创建两个目录，即testmkdir和testmkdir/yjm。因使用了-p选项，所以会创建路径中不存在的目录，而在第2、3行中，因使用了-v选项，所以会显示创建过程。

6. cp命令

cp命令的原意是copy，命令功能是将一个或多个源文件复制到指定目录，命令格式为：

```
cp [选项] 源文件或目录 目标目录
```

默认情况下，该命令不能直接复制目录，若要复制目录，需要同时使用-R选项。cp命令常用的选项见表3-3。

表3-3　cp命令参数

选项	说　明
-R	递归处理，将指定目录下的文件及子目录一并处理
-p	拷贝的同时不修改文件属性，包括所有者、所属组、权限和时间
-f	强行复制文件或目录，无论目的文件或目录是否已经存在

执行cp　-R dir ./testmkdir/yjm命令的示例如下所示：

```
[root@localhost ~]# ls ./testmkdir/yjm
[root@localhost ~]# cp -R dir ./testmkdir/yjm
[root@localhost ~]# ls ./testmkdir/yjm
file
[root@localhost ~]#
```

该命令表示将dir目录拷贝到当前路径下的testmkdir/yjm目录，命令执行完成后，可以看到dir目录下的file文件已拷贝至testmkdir/yjm目录。

7. mv命令

mv命令的原意是move，命令功能是移动文件或目录，相当于剪切，命令格式为：

```
mv 源文件或目录 目标目录
```

如果同时移动了两个以上的文件或目录，而且目标目录是同一个目录，那么该命令会将这些文件或目录剪切到目标目录中；如果该命令操作的对象是相同路径下的两个文件，则该命令相当于修改文件名。

命令 mv test1 testmkdir 的示例如下所示：

```
[root@localhost ~]# ls testmkdir
file  yjm
[root@localhost ~]# touch test1
[root@localhost ~]# mv test1 testmkdir
[root@localhost ~]# ls testmkdir
file  test1  yjm
```

在该命令的执行过程中，先在当前目录下创建一个文件 test1，然后把该文件移动到目标目录下，用 ls 命令显示，发现 test1 文件已移动到目标目录下。

8. rm 命令

rm 命令的原意是 remove，命令功能是删除目录中的文件或目录，该命令可同时删除多个对象，其命令格式为：

```
rm [选项] 文件或目录
```

如果要使用 rm 命令删除目录，需要在参数前添加 -r 选项，除了 -r 以外，rm 命令中常用的选项见表 3-4。

表 3-4 rm 命令选项

选项	说明
-f	强制删除文件或目录
-rf	选项 -r 与 -f 结合，删除目录中所有文件和子目录，并且不一一确认
-i	在删除文件或目录时，对要删除的内容逐一进行确认（y/n）

删除刚才新建的目录 testmkdir 的命令为：rm -rf testmkdir，执行过程为：

```
[root@localhost ~]# rm testmkdir
rm：无法删除"testmkdir"：是一个目录
[root@localhost ~]# rm -rf testmkdir
[root@localhost ~]# ls testmkdir
ls：无法访问 testmkdir：没有那个文件或目录
```

上述命令中的第一行命令 rm testmkdir 执行后，弹出错误信息，原因是删除目录的时候没有加参数 -r，第三行命令中添加参数 -rf 后，没有报错，成功删除目录 testmkdir，最后使用 ls 命令查看，发现 testmkdir 目录已不存在。

注：使用 rm 命令删除的目录无法恢复，因此，在删除目录之前，一定要再三确认是否

需要删除。

9. rmdir 命令

rmdir 命令的原意是 remove directory，命令功能是删除目录。该命令与 rm 命令类似，但它仅用于删除目录，不能删除文件，其命令格式为：

```
rmdir [ -p] 目录
```

rmdir 命令可删除指定路径中的一个或多个空目录，如果在命令中添加参数 -p，将会在删除指定目录后检查其上层目录，若其上层目录已变为空目录，则将其一并删除，举例如下：

```
[root@localhost ~]# mkdir -p testrmdir/yjm
[root@localhost ~]# ls testrmdir
yjm
[root@localhost ~]# rmdir -p testrmdir/yjm
[root@localhost ~]# ls testrmdir
ls: 无法访问 testrmdir: 没有那个文件或目录
```

在上述命令的执行过程中，首先在 testmkdir 目录新建了一个子目录 yjm，接着使用 rmdir 命令删除该子目录 yjm。由于使用了参数 -p，在删除子目录 yjm 后，testrmdir 目录也成了空目录，因此会将 testrmdir 目录一并删除，即，通过 ls 命令查看目录 testrmdir，结果显示该目录已不存在。

3.2.2　熟练使用文件查看命令

文件查看命令主要用于查看文件中存储的内容，常用的文件查看命令有 cat、more、head、tail。

1. cat 命令

cat 命令的原意是 concatenate and display files，命令功能是打印文件内容到输出设备，主要用于滚屏显示文件内容或是将多个文件合并成一个文件，命令格式为：

```
cat  [参数] 文件名
```

cat 命令的常用参数选项见表 3-5。

表 3-5　cat 命令选项

选项	说　明
-b	对输出内容中的非空行标注行号
-n	对输出内容中的所有行标注行号

通常使用 cat 命令查看文件内容，但是 cat 命令的输出内容不能够分页显示，要查看超过一屏的文件内容，需要使用 more 或 less 等其他命令。如果在 cat 命令中没有指定参数，则 cat 会从标准输入（键盘）中获取内容。例如，要查看/soft/file1 文件内容的命令为：

```
[root@localhost ~]#cat/soft/file1
```

此外，利用 cat 命令还可以合并多个文件。例如，要把 file1 和 file2 文件的内容合并为 file3，并且 file2 文件的内容在 file1 文件的内容前面，则命令为：

```
[root@localhost ~]# cat file2 file1 > file3
//如果 file3 文件存在,则此命令的执行结果会覆盖 file3 文件中原有内容
[root@localhost ~]# cat file2 file1 > > file3
/* 如果 file3 文件存在,此命令的执行结果将把 file2 和 file1 文件的内容附加到 file3 文件中原有内容的后面。* /
```

2. more 命令

在使用 cat 命令时，如果文件太长，用户只能看到文件的最后一部分，这时可以使用 more 命令，一页一页地分屏显示文件的内容。more 命令通常用于分屏显示文件内容。大部分情况下，可以不加任何参数选项而执行 more 命令查看文件内容。执行 more 命令后，进入 more 状态，按 Enter 键可以向下移动一行；按 Space 键可以向下移动一页；按 Q 键可以退出 more 命令。命令格式为：

```
more 文件名
```

在使用 more 命令分页显示文件内容时，可用快捷键进行翻页等操作。more 命令快捷键见表 3 – 6。

表 3 – 6　more 命令选项

快捷键	说　明
f/Space	显示下一页
Enter	显示下一行
q/Q	退出

3. head 命令

head 命令用于显示文件的开头部分，默认情况下只显示文件的前 10 行内容，也可以指定显示文件的前任意行，其命令格式为：

```
head [参数] 文件名
```

head 命令的常用参数选项如下。

– n num：显示指定文件的前 num 行。

– c num：显示指定文件的前 num 个字符。

例如，显示 httpd. conf 文件的前 20 行的命令如下：

```
[root@localhost ~]# head -n 20 /etc/httpd/conf/httpd.conf
//显示 httpd.conf 文件的前 20 行
```

4. tail 命令

tail 命令与 head 命令相反，用于显示文件的结尾部分，默认情况下，只显示文件的末尾

10行内容，也可以指定显示文件的末尾任意行，其命令格式为：

```
tail  [参数]  文件名
```

tail 命令的常用参数选项如下。

-n num：显示指定文件的末尾 num 行。

-c num：显示指定文件的末尾 num 个字符。

+num：从第 num 行开始显示指定文件的内容。

例如，显示 httpd.conf 文件的末尾20行的命令如下：

```
[root@localhost ~]# tail  -n  20  /etc/httpd/conf/httpd.conf
//显示 httpd.conf 文件的末尾20行
```

tail 命令最强悍的功能是可以持续刷新一个文件的内容，当想要实时查看最新日志文件时，这特别有用，此时的命令格式为“tail -f 文件名”。

```
[root@localhost ~]# tail -f/var/log/messages
May  2 21:28:24 localhost dbus - daemon: dbus[815]: [system] Activating via systemd: service name = 'net.reactivated.Fprint' unit = 'fprintd.service'
.....
May  2 21:28:24 localhost systemd: Started Fingerprint Authentication Daemon.
May  2 21:28:28 localhost su: (to root) yangyun on pts/0
May  2 21:28:54 localhost journal: No devices in use, exit
```

3.2.3 熟练使用权限管理命令

根据用户的权限，Linux 系统中的用户分为两类：超级用户 root 和普通用户。其中，超级用户 root 拥有 Linux 操作系统的所有权限，为了保证系统安全，一般不使用超级用户直接访问 Linux 系统，而是创建普通用户，使用普通用户进行一系列操作。为避免普通用户权限过大或权限不足，通常需要由 root 用户创建拥有不同权限的多个用户或变更某个用户的权限，此时就需要用到权限管理命令。

Linux 系统中，根据用户与文件的关系，将用户分为文件或目录的拥有者、同组用户、其他组用户和全部用户；又根据用户对文件的权限，将用户权限分为读取权限（read）、写入权限（write）和执行权限（execute）。常用的权限管理命令有 chmod、chown、chgrp。文件与目录对应的权限关系见表3-7。

表3-7 文件与目录对应的权限关系

权限	对应字符	文件	目录
读权限	r	可查看文件内容	可以列出目录中的内容
写权限	w	可修改文件内容	可以在目录中创建、删除文件
执行权限	x	可执行该文件	可以进入目录

使用权限管理命令要求用户具有执行相应命令的权限，为保证命令可成功执行，先使用 su 命令，将用户切换为 root，操作命令如下。

```
[yuanjinming@localhost root] $ su root
密码:
[root@localhost ~]#
```

可以看到，由普通用户切换为超级用户后，命令提示符由 $ 变为#。当然，普通用户也可使用权限管理命令，但只能操作属于该用户的文件，若想操作其他用户的文件，需要先提升当前用户的权限。

1. chmod 命令

chmod 命令的原意是 change the permissions mode of file，命令功能是变更文件或目录的权限，命令格式为：

```
chmod {augo}{+ - =} 文件或目录
```

根据表示权限的方式不同，该命令支持以下两种设定权限的模式。

1）使用字符模式设置权限

在这种模式下，用 u、g、o 和 a 来表示不同用户。其中，u 表示文件主，g 表示同组用户，o 表示其他用户，a 表示所有用户。用 r、w、x 来表示权限，其中，r 表示文件可读，w 表示可以写，x 表示可以执行。对文件权限的设置通过 +、- 和 = 来完成。其中，+ 表示在原有权限上添加某个权限，- 表示在原有权限上取消某权限，= 赋予给定权限并取消以前所有权限。例如：chmod u+x，g+wx file，表示给文件 file 的文件主添加可执行权限，给同组用户添加可写/可执行权限，操作命令如下。

```
[root@localhost ~]# ls -l file
-rw-r--r--. 1 root root 0 7 月  20 21:14 file
[root@localhost ~]# chmod u+x,g+wx file
[root@localhost ~]# ls -l file
-rwxrwxr--. 1 root root 0 7 月  20 21:14 file
```

2）使用八进制设置权限

文件和目录的权限还可用八进制数字模式来表示。3 个八进制数字分别代表所属主、同组用户和其他用户的权限，读、写、执行权限所对应的数值分别是 4、2 和 1。如果是 rwx 属性，则 4+2+1=7；如果是 rw- 属性，则 4+2+0=6；如果是 r-x 属性，则 4+0+1=5。例如：将文件 ex1 的文件所属主和同组用户的权限设置为读写权限，但其他用户的权限是只读，操作命令如下。

```
[root@localhost ~]#chmod  664  ex1
```

2. chown 命令

chown 命令的原意是 change the owner of file，该命令用于改变某个文件或目录的所有者，即，可以向某个用户授权，使其变成指定文件的所有者或者改变文件所属组。

命令格式为：

```
chown [选项] 用户文件或目录
```

常用的选项有两个：-R 表示递归式地改变指定目录及其所有子目录、文件的文件主；-v 表示详细列出该命令所做的工作。例如：chown root file1，表示将文件 file1 的所有者更改为 root，该命令的执行过程如下。

```
[yuanjinming@localhost ~]$ touch file1
[yuanjinming@localhost ~]$ su root
密码:
[root@localhost yuanjinming]# ls -l file1
-rw-rw-r--. 1 yuanjinming yuanjinming 0 7 月  20 22:22 file1
[root@localhost yuanjinming]# chown root file1
[root@localhost yuanjinming]# ls -l file1
-rw-rw-r--. 1 root yuanjinming 0 7 月  20 22:22 file1
```

3. chgrp 命令

chgrp 命令的原意是 change file group，该命令用来改变指定文件所属的用户组。其中，组名可以是用户组的 ID，也可以是用户组的组名；文件名可以是由空格分开的要改变属组的文件列表。命令格式为：

```
chown [选项] 组名/文件名
```

常用的选项为：-R，递归式地改变指定目录及其子目录和文件的用户属组。例如：chgrp root test1，表示将文件 test1 的所属组更改为 root，该命令的执行过程如下。

```
[root@localhost yuanjinming]# ls -l file1
-rw-rw-r--. 1 root yuanjinming 0 7 月  20 22:22 file1
[root@localhost yuanjinming]# chgrp root file1
[root@localhost yuanjinming]# ls -l file1
-rw-rw-r--. 1 root root 0 7 月  20 22:22 file1
```

3.2.4　熟练使用文件搜索命令

在编辑文件的过程中，经常需要查找某个文件中特定的内容，如果文件较小，可以直接用编辑软件或文本编辑器进行查找，如果文件过大，甚至是需要查找多个文件，单纯的手工搜索将变得十分烦琐且不实用。此时，就需要使用文件搜索命令来帮助用户快速定位所需内容。常用的文件搜索命令有 find、locate、grep。

1. find 命令

find 命令的功能是借助搜索关键字（文件名、文件大小、文件所有者等）查找文件或目录，命令格式为：

```
find 搜索路径 [选项] 搜索关键字
```

常见的选项见表 3-8。

表 3-8 find 命令选项

选项	说　明
-name	根据文件名查找
-size	根据文件大小查找
-user	根据文件所有者查找

2. locate 命令

locate 命令的功能是借助搜索关键字查找文件或目录，命令格式为：

```
locate [选项] 搜索关键字
```

与 find 命令相比，locate 命令具有如下特点：

(1) locate 速度远胜 find。

(2) find 搜索整个目录，locate 搜索数据库/var/lib/locatedb。

(3) 即便文件存在，数据库中没有记录，locate 也搜索不到。

3. grep 命令

grep 命令的功能是在文件中搜索与字符串匹配的行并输出，grep 命令的格式为：

```
grep 指定字符 源文件
```

例如：在文件 1. txt 中搜索字符 start 并输出结果，使用的命令为 grep start 1. txt，命令的执行过程如下所示。

```
[root@localhost ~]# grep start 1.txt
```

3.3 项目实训二：熟练使用网络管理与通信命令

Linux 系统是一个网络操作系统，其网络功能也相当强大，可以提供各种各样的网络服务，如 Web 服务、FTP 服务及 DNS 服务等，这些服务与网络密不可分，因此，掌握一些网络管理与通信命令就显得尤为重要，这样可以方便查看和配置网络相关属性及网络通信。Linux 系统中常见的网络管理与通信命令有 ifconfig、netstat、ping、write、wall 等。

项目实训二：熟练使用网络管理与通信命令

1. ifconfig

ifconfig 命令的原意为 interface config，命令功能是配置和显示 Linux 内核中网络接口参数，命令格式为：

```
ifconfig [参数]
```

该命令用于配置常驻内存的网络界面，如果不指定任何选项，则显示当前网络状态。例如：使用 ifconfig 命令来查看当前网络的运行状态，命令执行过程如下所示。

```
[root@localhost ~]#ifconfig
ens33: flags=4163<UP,BROADCAST,RUNNING,MULTICAST>  mtu 1500
        inet 192.168.31.128  netmask 255.255.255.0  broadcast 192.168.31.255
        inet6 fe80::3d56:e7ef:6484:d31c  prefixlen 64  scopeid 0x20<link>
        ether 00:0c:29:8e:3e:81  txqueuelen 1000  (Ethernet)
        RX packets 8572  bytes 12701259 (12.1 MiB)
        RX errors 0  dropped 0  overruns 0  frame 0
        TX packets 2644  bytes 165718 (161.8 KiB)
        TX errors 0  dropped 0 overruns 0  carrier 0  collisions 0
```

通过 ifconfig 命令可以查看到网卡的 IP 地址、子网掩码、MTU（最大传输单元）、MAC 地址、跳数、发送数据包的个数、接收数据包的个数及其错误个数、丢弃个数等信息，ens33 表示第一块网卡设备。

2. netstat 命令

netstat 命令的功能是打印 Linux 系统中网络系统的状态信息，该命令用来显示各种各样的与网络相关的状态信息，主要包括查看网络的连接状态、检查接口的配置信息、检查路由表信息及取得统计信息。命令格式为：

```
netstat [选项]
```

常见的命令选项见表 3-9。

表 3-9　netstat 命令选项

选项	说　明
-a	显示所有配置的端口
-at	列出所有 TCP 端口
-au	列出所有 UDP 端口
-i	显示接口统计信息
-n	以数字形式显示 IP 地址

3. ping 命令

ping 命令的主要功能是测试主机之间网络的连通性。ping 命令使用 ICMP 协议，向网络主机发送 ECHO_REQUEST 数据包，希望获得目的主机的 ICMP ECHOP_RESPONSE 应答数据包，以判断和网络主机之间的连接情况。ping 命令的格式为：

```
ping [选项] [参数]
```

常见的选项见表 3-10。

表 3-10 ping 命令选项

选项	说　明
-c	设置回应次数
-s	设置数据包大小
-v	详细显示指令的执行过程
-i	相邻两个数据包的间隔时间

例如：测试本机与 IP 地址为 202.201.88.26 的计算机是否连通，发送 10 个数据包，每个数据包间隔为 2 秒。该命令的执行过程如下所示。

```
[root@localhost/root]#ping  -c 10 -i 2  202.201.88.26 PING
202.201.88.26 (202.201.88.26)  56(84)  bytes of data.
64 bytes from 202.201.88.26: icmp_seq=1 ttl=128 time=0.850 ms
64 bytes from 202.201.88.26: icmp_seq=2 ttl=128 time=0.466 ms
64 bytes from 202.201.88.26: icmp_seq=3 ttl=128 time=0.463 ms
64 bytes from 202.201.88.26: icmp_seq=4 ttl=128 time=0.467 ms
64 bytes from 202.201.88.26: icmp_seq=5 ttl=128 time=0.466 ms
64 bytes from 202.201.88.26: icmp_seq=6 ttl=128 time=0.479 ms
64 bytes from 202.201.88.26: icmp_seq=7 ttl=128 time=0.461 ms
64 bytes from 202.201.88.26: icmp_seq=8 ttl=128 time=0.471 ms
64 bytes from 202.201.88.26: icmp_seq=9 ttl=128 time=0.493 ms
64 bytes from 202.201.88.26: icmp_seq=10 ttl=128 time=0.491 ms
--- 202.201.88.26 ping statistics ---
10 packets transmitted, 10 received, 0% packet loss, time 18010ms rtt min/avg/
max/mdev = 0.461/0.510/0.850/0.116 ms
```

4. write 命令

write 命令的功能是当前用户向另一个用户发送信息，以快捷键 Ctrl + D 结束发送信息，命令格式为：

```
write 用户名
```

5. wall 命令

wall 命令的功能是使当前用户向所有用户发送信息，以快捷键 Ctrl + D 结束发送信息，命令格式为：

```
wall + message
```

3.4 项目实训三：熟练使用压缩解压和帮助命令

为了数据的安全，用户经常需要对计算机系统中的数据进行备份。如果直接保存数据，会占用很大的空间，所以常常压缩备份文件，以便节省存储空间。另外，通过网络传输文件也可以减少传输时间。在以后需要使用存放在这些文件中的数据时，必须先将它们解压缩，恢复成原来的样子。常见的压缩/解压缩命令有 gzip/gunzip、zip/unzip、bzip2/bunzip2、tar。

1. gzip/gunzip 命令

gzip/gunzip 命令的功能是压缩文件，获得 .gz 格式的压缩包，压缩后不保存源文件。若同时列出多个文件，则每个文件会被单独压缩。该命令用于对文件进行压缩和解压缩。它用 Lempel -Ziv 编码减小命名文件的大小，被压缩的文件扩展名是 .gz。gzip/gunzip 命令的格式为：

```
gzip [选项] 压缩文件名
gunzip [选项] 压缩包名
```

常用的选项有：

(1) -c：将输出写到标准输出上，并保留源文件。

(2) -d：将被压缩的文件进行解压缩。

(3) -r：递归地查找指定目录并压缩或解压缩所有文件。

(4) -t：测试，即检查压缩文件的完整性。

例如：将文件 file 压缩并解压缩的命令如下所示。

```
#gzip file
#gzip -s file.gz
#gunzip file.gz
```

2. zip/unzip 命令

zip/unzip 命令的功能是压缩文件，获得 .zip 格式的压缩包，压缩后保存源文件，命令格式为：

```
zip [-r] [压缩后文件名称] 文件或目录
unzip [选项] 压缩包包名
```

例如：将 1.txt 文件压缩为 1.zip，命令的执行过程如下。

```
[root@localhost ~]# zip -r 1.zip 1.txt
   adding: 1.txt (deflated 37% )
```

然后再将压缩文件 1.zip 解压为 1.txt 文件，命令的执行过程如下。

```
[root@localhost ~]# unzip 1.zip
Archive:  1.zip
replace 1.txt? [y]es, [n]o, [A]ll, [N]one, [r]ename: y
  inflating: 1.txt
```

3. bzip2/bunzip2 命令

bzip2/bunzip2 命令的功能是压缩文件，获得 .bz2 格式的压缩包，使用选项 -k 时保留源文件，命令格式为：

```
bzip2 [选项] 文件或目录
bunzip2 [选项] 压缩包包名
```

4. tar 命令

tar 命令的功能是打包多个目录或文件，通常与压缩命令一起使用，命令格式为：tar ［选项］目录，常用的选项见表 3－11。

表 3－11　tar 命令选项

选项	说　明
－c	产生 . tar 打包文件
－v	打包时显示详细信息
－f	指定压缩后的文件名
－z	打包，同时通过 gzip 指令压缩备份文件，压缩后格式为. tar. gz
－x	从打包文件中还原文件。

例如：将文件 1. txt 和 2. txt 压缩，压缩之后的文件名为 dabao. tar. gz，该命令的执行过程如下所示。

```
[root@localhost ~]# tar -zcvf dabao.tar.gz 1.txt 2.txt
1.txt
2.txt
[root@localhost ~]# ls
1.txt  anaconda-ks.cfg  initial-setup-ks.cfg  视频  下载
1.zip  dabao.tar.gz     公共                  图片  音乐
2.txt  file             模板                  文档  桌面
```

5. 帮助命令

为了帮助用户使用 Linux 操作系统中的命令，系统配置了一些帮助文档，只需要掌握几个简单的帮助命令，用户就可以进一步查看其他各种命令的使用方法。常用的帮助命令有 man、info、whatis、whoami。

1）man 命令

man 命令用于获取 Linux 系统的帮助文档——manpage 中的帮助信息，命令格式为：

```
man [选项] 命令/配置文件
```

常见的选项见表 3－12。

表 3－12　man 命令选项

选项	说　明
－a	在所有的 man 帮助手册中搜索
－p	指定内容时，使用分页程序
－M	指定 man 手册搜索的路径

2） info 命令

info 命令的功能是获取 Linux 系统的帮助文档——manpage 中的帮助信息，相比 man 命令，info 命令获取的帮助信息更加容易理解，命令格式为：

```
info [选项] 参数
```

3） whatis 命令

whatis 命令用于查询命令，并将查询结果打印到终端，命令格式为：

```
whatis 命令名称
```

4） whoami 命令

whoami 命令用于打印当前有效的用户名称，即，查看当前正在操作的用户的信息，命令格式为：

```
whoami
```

任务评价表

评价类型	赋分	序号	具体指标	分值	得分		
					自评	组评	师评
职业能力	55	1	文件、目录类命令的熟练程度	15			
		2	文件处理命令的熟练程度	10			
		3	文件查看命令的熟练程度	10			
		4	权限管理命令的熟练程度	10			
		5	文件搜索命令的熟练程度	10			
职业素养	20	1	坚持出勤，遵守纪律	5			
		2	协作互助，解决难点	5			
		3	按照标准规范操作	5			
		4	持续改进优化	5			
劳动素养	15	1	按时完成，认真填写记录	5			
		2	保持工位卫生、整洁、有序	5			
		3	小组分工合理性	5			
思政素养	10	1	完成思政素材学习	10			
总分				100			

<table>
<tr><th colspan="2">总结反思</th></tr>
<tr><td colspan="2">● 目标达成：知识　　　　能力　　　　素养</td></tr>
<tr><td>● 学习收获：</td><td rowspan="2">● 教师寄语：

签字：</td></tr>
<tr><td>● 问题反思：</td></tr>
</table>

❖ 本章小结

本章介绍了 Linux 基本命令格式和命令特点，熟悉了 Linux 操作环境，熟悉了文件处理命令、文件查看命令、权限管理命令、文件搜索命令，熟练使用了网络管理命令与通信命令、压缩解压和帮助命令。

❖ 理论习题

1. 用户的组账户信息保存在哪个文件？
2. 所创建的用户账户及其相关信息保存在哪个文件？
3. 用户口令经过加密后，保存在哪个路径下？

❖ 实践习题

1. 在/etc 目录下，随便找一个系统配置文件，并查看该文件的前 5 行和后 5 行。
2. 显示当前用户所在的目录。
3. 列出/etc 目录下的全部文件。
4. 以详细信息的方式列出当前用户所在家目录下的文件。
5. 切换到当前用户的家目录。
6. 新建一个文件，名字为学号后两位 . txt。
7. 在当前用户的家目录下，新建一个目录，名为 dir1，将当前用户家目录下的 txt 文件复制到 dir1 目录下并验证是否复制成功。
8. 删除当前用户家目录下的 dir1 目录下的 txt 文件，然后删除当前用户家目录下的 dir1 目录。
9. 以普通用户身份创建一个文件 file，然后切换到 root 用户，以详细信息的形式列出这个文件，改变 file 文件的所有者并验证。
10. 显示 Linux 内核中网络接口参数。
11. 打印 Linux 系统中网络系统的状态信息。
12. 测试与其他机器的网络连通性，发送/接收 4 个数据包。
13. 创建一个文件 file. txt，编辑该文件的内容为：学号 + 姓名，使用 zip 压缩命令压缩

为 file. zip，然后用 unzip 命令解压缩。

❖ 深度思考

1. 如何区分目录和文件？
2. Linux 操作系统命令在执行过程中如果出现错误，该如何解决？
3. 在练习操作命令的过程中，有哪些能力得到了提升？

❖ 项目任务单

<table>
<tr><td>项目任务</td><td colspan="3"></td></tr>
<tr><td>小组名称</td><td></td><td>小组成员</td><td></td></tr>
<tr><td>工作时间</td><td></td><td>完成总时长</td><td></td></tr>
<tr><td colspan="4">项目任务描述</td></tr>
<tr><td colspan="4"></td></tr>
<tr><td rowspan="5">小组分工</td><td>姓名</td><td colspan="2">工作任务</td></tr>
<tr><td></td><td colspan="2"></td></tr>
<tr><td></td><td colspan="2"></td></tr>
<tr><td></td><td colspan="2"></td></tr>
<tr><td></td><td colspan="2"></td></tr>
<tr><td colspan="4">任务执行结果记录</td></tr>
<tr><td>序号</td><td>工作内容</td><td>完成情况</td><td>操作员</td></tr>
<tr><td>1</td><td></td><td></td><td></td></tr>
<tr><td>2</td><td></td><td></td><td></td></tr>
<tr><td>3</td><td></td><td></td><td></td></tr>
<tr><td>4</td><td></td><td></td><td></td></tr>
<tr><td colspan="4">任务实施过程记录</td></tr>
<tr><td colspan="4"></td></tr>
</table>

第 4 章

管理Linux服务器的用户和用户组

❖ 知识导读

与 Windows 操作系统类似，Linux 操作系统也有用户和用户组的概念，在 Linux 系统中，每次登录系统都必须以某个用户的身份登录，并且登录后的权限也会根据用户身份的不同而不同，每一个进程在执行时，也会有其用户，该用户也和进程所能控制的资源有关。

Linux 是一个多用户多任务的分时操作系统，很多时候，一台服务器上不止一个用户，用户在操作整个系统时，可能会误删文件，这对整个 Linux 系统的安全性和可操作性造成一定影响。所以，在 Linux 系统中有这样一个概念，叫作权限，每个文件都有自己的权限范围，有些用户只能操作自己有权限的文件。任何一个要使用系统资源的用户，都必须首先向系统管理员申请一个账号，然后以这个账号的身份进入系统。用户的账号一方面可以帮助系统管理员对使用系统的用户进行跟踪，并控制他们对系统资源的访问；另一方面也可以帮助用户组织文件，并为用户提供安全性保护。每个用户账号拥有唯一的用户名和各自的口令。用户在登录时键入正确的用户名和口令后，就能够进入系统和自己的主目录。

❖ 知识目标

- 理解用户账户和组群。
- 理解用户账户文件。
- 理解组群文件。

❖ 技能目标

- 熟练掌握 Linux 下用户的创建与维护管理。
- 熟练掌握 Linux 下组群的创建与维护管理。
- 熟悉用户账户管理器的使用方法。
- 熟练使用 su 和 sudo。

❖ 思政目标

- 培养信息安全防范意识。

<table>
<tr><td>“课程思政”链接</td></tr>
<tr><td>融入点：新时代下的信息安全　思政元素：遵纪守法——信息安全意识</td></tr>
<tr><td>Linux 系统是一个典型的多用户操作系统，任何一个用户都必须首先向系统管理员（root 用户）申请一个账号，然后以这个账号的身份进入系统。一些系统服务也需要含有部分特权的用户账户运行，出于安全考虑，用户管理应运而生，它明确限制各个用户账户的权限，最重要的是，限制了用户对文件访问、设备使用的权限。用户在登录时，输入正确的用户名和口令后，才可以进入系统和自己的主目录。在 Linux 操作系统中，用户对某文件进行访问、读写及执行，会受到系统的严格约束。正是这种严谨的用户与用户组管理方式，在很大程度上保证了安全性，才使得 Linux 操作系统长久不衰。
在进行“用户与组群及权限管理”教学时，可将一些信息安全相关案例融入教学，以吸引学生的注意力，从而引导学生进一步高度重视数据隐私，认识到数据安全的重要性，同时也可传授一些保护个人隐私的操作方法。另外，教师还可以结合当前的校园反欺诈活动，宣传常见的校园诈骗手段，如“校园贷”诈骗、购物退款诈骗、兼职刷单诈骗及冒充老朋友诈骗等，通过多渠道强化学生的反诈骗意识。这样做的目的在于，增强学生信息安全的防范意识，全面地培养学生的专业技能和专业素养，实现“Linux 操作系统”课程的隐性育人功能。</td></tr>
<tr><td>参考资料：《加强防范意识　严守个人信息》视频</td></tr>
</table>

❖ 1+X 证书考点

云计算平台运维与开发职业技能等级要求（初级）

3. Linux 系统与服务构建运维	3.2　Linux 常用命令与工具	（2）Linux 用户与用户组管理，熟悉 useradd、userdel、groupadd、groupdel、usermod、su、sudo、chmod 等用户管理和权限命令。

4.1 管理 Linux 用户与用户组

管理 Linux 用户与用户组

Linux 操作系统中设立了用户和用户组的概念，在使用系统资源时，必须有身份，因此，用户需要先向系统管理员申请一个账号。Linux 允许多个用户同时登录操作系统，针对系统中的多名用户，Linux 还设计了用户组的概念，为用户指定用户组，可以在需要时方便地对多个用户进行管理。下面介绍一下 Linux 系统中用户和用户组的相关概念。

1. 用户

用户账户是用户的身份标识。用户通过用户账户登录到系统，并且访问已经被授权的资源。系统依据账户来区分属于每个用户的文件、进程、任务，并给每个用户提供特定的工作环境（例如，用户的工作目录、shell 版本以及图形化的环境配置等），使每个用户都能各自不受干扰地独立工作。

为了对用户的状态进行跟踪，并对其可访问的资源进行控制，每个使用者在使用 Linux 系统之前，必须先向系统管理员申请一个账号并设置密码，之后才能登录系统访问系统资源。在 Linux 系统中，用户账号的相关信息都保存在/etc/passwd，因为所有用户对该文件都有可读权限，为了保证系统安全，密码都保存在/etc/shadow。

2. 文件所有者

Linux 系统中的文件所有者指的是文件拥有者，默认情况下，创建文件的用户即为文件拥有者，也可在创建文件的同时指定其他用户为改文件的文件所有者，还可以用超级用户更改文件所有者。为文件指定所有者有利于保护用户隐私，保证文件安全。若用户在其账户下编辑了一个机密文件，为防止其他用户获取该机密文件信息，可以将文件权限设置为仅文件所有者可读、可写或可执行即可。

3. 用户组

用户组是具有相同特征用户的逻辑集合，有时需要让多个用户具有相同的权限。比如查看、修改某一个文件的权限，一种方法是分别对多个用户进行文件访问授权，如果有 10 个用户，就需要授权 10 次，显然这种方法不太合理。另一种方法是建立一个组，让这个组具有查看、修改此文件的权限，然后将所有需要访问此文件的用户放入这个组中，那么所有用户就具有了和组一样的权限，这就是用户组。

将用户分组是 Linux 系统中对用户进行管理及控制访问权限的一种手段，通过定义用户组，在很大程度上简化了管理工作。换句话说，用户组就是对 Linux 中同一类对象进行统一管理一种技术手段，将同一类用户放到一个组中去，封装成一个更大的整体，用户组的相关信息存放在/etc/group。

4. 文件所属组

文件所属组与用户组相呼应，是指拥有该文件的组，也就是创建该文件的用户所属的组，每个用户在 Linux 中都是属于一个或多个组的，因此，在创建一个文件时，除了指定该文件属于哪个用户（即文件属主）外，还需要指定该文件属于哪个组（即文件属组）。

在 Linux 操作系统中，文件的属主与属组决定了文件的访问权限。在 Linux 操作系统中，每个文件都有特定的文件属性，包括文件的访问权限、所有者、所属组、文件类型等。其中，文件的访问权限由三个部分组成：文件属主的权限、文件属组的权限、其他用户的权限。文件属主可以读、写、执行该文件，属组成员可以读、写、执行该文件，其他用户可以读、写、执行该文件。通过设置文件的属主和属组，可以限制文件的访问权限，从而保障文件的安全性。

5. 其他人

Linux 系统中不属于文件所有者或者文件所属群组成员的用户，都是其他人。例如：当前系统中有一个用户组 yjm，该用户组包含四名用户 a、b、c、d，另外有一个属于用户组 xyz 的用户 w，则对于用户组 yjm 中的用户来说，用户 w 就是其他人。

6. root

root 是指 Linux 等类 UNIX 系统中的一个超级用户账户。它是用于系统管理的系统上具有最高访问权限的特权账户。root 用户拥有整个系统的完全权限（root 特权）。它可以修改系统的核心部分、升级系统、更改系统配置以及启动、停止和重新启动所有正在运行的系统服务、创建删除普通用户和用户组、设置用户权限等。由于 root 用户权限很大，为保证系统安全，一般通过安装操作系统时创建的账户来使用系统，以 root 身份登录（使用 su -）时，终端命令提示符符号从 $ 变成#。

4.2 项目实训一：管理用户、用户组群

用户账户是用户的身份标识，用户通过用户账户可以登录到系统，并且访问已经被授权的资源。系统根据账户来区分属于每个用户的文件、进程、任务，并给每个用户提供特定的工作环境（例如：用户的工作目录、shell 版本以及图形化的环境配置等），使每个用户都能各自不受干扰地独立工作。

管理用户、用户组群

4.2.1 理解用户账户文件

Linux 系统中的用户分为三种：普通用户、超级用户（root）、系统用户。

（1）普通用户：在系统中只能进行普通操作，只能访问他们拥有的或者有权限执行的文件。

（2）超级用户（root）：也称管理员账户，任务是对普通用户和整个系统进行管理。超级用户账户对系统具有绝对的控制权，能够对系统进行一切操作。

（3）系统用户：与系统服务相关，不能用于登录。

1. /etc/passwd 文件

在 Linux 系统中，所创建的用户账户及其相关信息（密码除外）均放在/etc/passwd 配置文件中，用 vim 编辑器（或者使用 cat/etc/passwd）打开 passwd 文件，内容如下：

```
root:x:0:0:root:/root:/bin/bash
bin:x:1:1:bin:/bin:/sbin/nologin
daemon:x:2:2:daemon:/sbin:/sbin/nologin
user1:x:1002:1002::/home/user1:/bin/bash
```

passwd 文件中的每一行代表每个用户的资料，该配置文件中有 root 用户、标准系统账户（bin、daemon）和普通用户（user1），可以看到第一个用户是 root。然后是一些标准账户，此类账户的 shell 为/sbin/nologin，代表无本地登录权限。最后一行是由系统管理员创建的普通账户：user1。passwd 文件的每一行用“:”分隔为 7 个域，各域的内容如下：

```
用户名:加密口令:UID:GID:用户的描述信息:主目录:命令解释器(登录 shell)
```

passwd 文件中的各字段的含义见表 4-1，其中少数字段的内容是可以为空的，但仍需使用“:”进行占位来表示该字段。

表 4－1　passwd 文件各字段含义

字段	说　明
用户名	用户账号名称，用户登录时所使用的用户名
加密口令	用户口令，考虑系统的安全性，现在已经不使用该字段保存口令，而用字母“x”来填充该字段，真正的密码保存在 shadow 文件中
UID	用户号，唯一表示某用户的数字标识
GID	用户所属的私有组号，该数字对应 group 文件中的 GID
用户描述信息	可选的关于用户全名、用户电话等描述性信息
主目录	用户的宿主目录，用户成功登录后的默认目录
命令解释器	用户所使用的 shell，默认为“/bin/bash”

2. /etc/shadow 文件

由于所有用户对/etc/passwd 文件均有读取权限，为了增强系统的安全性，用户经过加密之后的口令都存放在/etc/shadow 文件中。/etc/shadow 文件只对 root 用户可读，因而大大提高了系统的安全性。shadow 文件的内容形式如下（cat/etc/shadow）。

```
root:$6$PQxz7W3s$Ra7Akw53/n7rntDgjPNWdCG66/5RZgjhoe1zT2F00ouf2iDM.AVvRI
Yoez10hGG7kBHEaah.oH5U1t6OQj2Rf.:17654:0:99999:7:::
bin:*:16925:0:99999:7:::
daemon:*:16925:0:99999:7:::
bobby:!!:17656:0:99999:7:::
user1:!!:17656:0:99999:7:::
```

shadow 文件保存投影加密之后的口令以及与口令相关的一系列信息，每个用户的信息在 shadow 文件中占用一行，并且用“:”分隔为 9 个域，各域的含义见表 4－2。

表 4－2　shadow 文件字段说明

字段	说　明
1	用户登录名
2	加密后的用户口令，＊表示非登录用户，!! 表示没设置密码
3	从 1970 年 1 月 1 日起，到用户最近一次口令被修改的天数
4	从 1970 年 1 月 1 日起，到用户可以更改密码的天数，即最短口令存活期
5	从 1970 年 1 月 1 日起，到用户必须更改密码的天数，即最长口令存活期
6	口令过期前几天提醒用户更改口令
7	口令过期后几天账户被禁用
8	口令被禁用的具体日期（相对日期，从 1970 年 1 月 1 日至禁用时的天数）
9	保留域，用于功能扩展

3. /etc/login. defs 文件

建立用户账户时，会根据/etc/login. defs 文件的配置设置用户账户的某些选项。该配置文件的有效设置内容及中文注释如下所示。

```
MAIL_DIR          /var/spool/mail     //用户邮箱目录
MAIL_FILE         .mail
PASS_MAX_DAYS         99999           //账户密码最长有效天数
PASS_MIN_DAYS         0               //账户密码最短有效天数
PASS_MIN_LEN         5            //账户密码的最小长度
PASS_WARN_AGE         7               //账户密码过期前提前警告的天数
UID_MIN         1000                 //用 useradd 命令创建账户时自动产生的最小 UID 值
UID_MAX          60000               //用 useradd 命令创建账户时自动产生的最大 UID 值
GID_MIN         1000                 //用 groupadd 命令创建组群时自动产生的最小 GID 值
GID_MAX          60000               //用 groupadd 命令创建组群时自动产生的最大 GID 值
USERDEL_CMD     /usr/sbin/userdel_local/* 如果定义的话，将在删除用户时执行，以删除
相应用户的计划作业和打印作业等 */
CREATE_HOME     yes         //创建用户账户时是否为用户创建主目录
```

4.2.2 理解组群文件

组群是具有相同特性的用户的逻辑集合，使用组群有利于系统管理员按照用户的特性组织和管理用户，提高工作效率。有了组群之后，在进行资源授权时，就可以把权限赋予某个组群，组群中的用户即可自动获得该权限。一个用户账户可同时是多个组群的成员，每个用户拥有一个主组群和若干个附属组群。

1. etc/group 文件

group 文件位于“/etc”目录，用于存放用户的组账户信息，对于该文件的内容，任何用户都可以读取。每个组群账户在 group 文件中占用一行，并且用“:”分隔为 4 个域。每一行各域的内容如下（使用 cat/etc/group）：

```
组群名称:组群口令(一般为空,用 x 占位):GID:组群成员列表
```

/etc/group 文件的内容形式如下：

```
root:x:0:
bin:x:1:
daemon:x:2:
user1:x:1001:user2
user2:x:1002:
```

从上述/etc/group 文件可以看出，root 用户的 GID 为 0，且没有其他组成员。group 文件的组群成员列表中如果有多个用户账户属于同一个组群，则各成员之间以“,”分隔。在/etc/group 文件中，用户的主组群并不把该用户作为成员列出，只有用户的附属组群才会把该用户作为成员列出。例如，用户 user1 的主组群是 user1，但/etc/group 文件中组群 user1 的成员列表中并没有用户 user1，只有用户 user2。

2. etc/gshadow 文件

etc/gshadow 文件用于存放组群的加密口令、组管理员等信息，该文件只有 root 用户可以读取。每个组群账户在 gshadow 文件中占用一行，并以“:”分隔为4个域。每一行中各域的内容如下：

```
组群名称:加密后的组群口令(没有就用!):组群的管理员:组群成员列表
```

gshadow 文件的内容形式如下：

```
root:::
bin:::
daemon:::
bobby:!::user1,user2
user1:!::
```

4.3 项目实训二：使用用户管理器管理用户和组群

Linux 系统支持多个用户在同一时间内登录，不同用户可以执行不同的任务，并且互不影响，为了能够让用户更加合理、安全地使用系统资源，进而产生了一套用户管理功能，用户管理包括用户和组群的管理，不论是由本机登录还是远程登录系统，每个系统都必须拥有一个账号，并且对于不同的系统资源拥有不同的使用权限。

使用用户管理器管理用户和组群

4.3.1 管理用户账户

1. 添加用户账户

添加用户账号就是在系统中创建一个新账号，然后为新账号分配用户号、用户组、主目录和登录 Shell 等资源，一般情况下使用 useradd 命令添加用户，该命令的格式为：

```
useradd [选项] 用户名
```

useradd 命令有很多选项，见表4-3。

表4-3　useradd 命令选项

选项	说　明
-d	指定用户登录时的目录
-c	指定账户的备注文字
-e	指定账号的有效期限
-f	缓冲天数，密码过期时在指定天数后关闭该账号
-g	指定用户所属组
-G	指定用户所属的附加用户组
-m	自动建立用户的登入目录

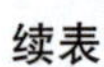

选项	说　明
-r	创建系统账号
-s	指定用户的登录 shell
-u	指定用户的 ID。若添加 -o 选项，则用户 ID 可与其他用户重复

例如：创建新用户 abc，指定用户的主目录为/usr/bxg，若指定主目录不存在，则创建主目录，命令如下所示。

```
useradd -d/usr/bxg -m abc
```

注：1～999 为系统用户 ID，普通用户 ID 应取 1000 以后的数值；通过查看/etc/passwd 文件，查看已存在的用户；创建账号的用户需有创建账号的权限。

2. 设置用户密码

指定和修改用户账户口令的命令是 passwd，超级用户可以为自己和其他用户设置口令，而普通用户只能为自己设置口令。passwd 命令的格式为：

```
passwd [选项] 用户名
```

passwd 命令的常用选项见表 4-4。

表 4-4　passwd 命令选项

选项	说　明
-l	锁定（停用）用户账户
-u	口令解锁
-d	将用户口令设置为空，这与未设置口令的账户不同。未设置口令的账户无法登录系统，而口令为空的账户可以
-f	强迫用户下次登录时必须修改口令
-n	指定口令的最短存活期
-x	指定口令的最长存活期
-w	口令要到期前提前警告的天数
-i	口令过期后多少天停用账户
-S	显示账户口令的简短状态信息
-l	锁定（停用）用户账户

例如：假设当前用户为 root，则下面的两个命令分别为 root 用户修改自己的口令和 root 用户修改 user1 用户的口令。

```
//root 用户修改自己的口令,直接用 passwd 命令回车即可
[root@localhost ~]# passwd
//root 用户修改 user1 用户的口令
[root@localhost ~]# passwd user1
```

注：普通用户修改口令时，passwd 命令会首先询问原来的口令，只有验证通过才可以修改。而 root 用户为用户指定口令时，不需要知道原来的口令。为了系统安全，用户应选择包含字母、数字和特殊符号组合的复杂口令，并且口令长度应至少为 8 个字符。如果密码复杂度不够，系统会提示“无效的密码：密码未通过字典检查 – 它基于字典单词”。这时有两种处理方法：一是再次输入刚才输入的简单密码，系统也会接受；另一种方法是更改为符合要求的密码。例如，P@ssw02d 包含大小写字母、数字、特殊符号等。

3. 删除用户

删除一个账户，可以直接删除/etc/passwd 和/etc/shadow 文件中要删除的用户所对应的行，或者用 userdel 命令删除。userdel 命令可删除指定账户以及与账户相关的文件和信息。userdel 命令的格式为：

```
userdel [选项] 用户名
```

userdel 命令中的选项见表 4–5。

表 4–5　userdel 命令选项

选项	说　明
–f	强制删除用户，即便该用户为当前用户
–r	删除用户的同时，删除与用户相关的所有文件

4. 修改用户账户

usermod 命令结合相关参数可用来更改已经创建的账户属性，包括账户名、主目录、用户组、登录 shell 等。usermod 命令格式为：

```
usermod [选项] 用户名
```

usermod 命令中的常用选项见表 4–6。

表 4–6　usermod 命令选项

选项	说　明
–c	修改用户账号的备注信息
–d	修改用户的登录目录
–e	修改账号的有效期限
–f	修改缓冲天数，即修改密码过期后关闭账号的时间

续表

选项	说　明
-g	修改用户所属组
-l	修改用户账号名称
-L	锁定用户密码，使密码失效
-s	修改用户登录后使用的 shell
-u	修改用户 ID
-U	解除密码锁定

4.3.2　为组群添加用户

每个用户都隶属于一个用户组，系统可以对一个用户组中的所有用户进行集中管理。不同 Linux 系统对用户组的规定有所不同，如 Linux 下的用户属于与它同名的用户组，这个用户组在创建用户时同时创建。用户组群管理包括新建用户组、维护用户组账户和为用户组添加用户等内容，组的增加、删除和修改实际上就是对/etc/group 文件的更新。

1. 维护组群用户

创建组群和删除组群的命令与创建、维护账户的命令相似。创建组群可以使用命令 groupadd 或者 addgroup。

（1）创建一个新的组群，组群的名称为 testgroup，可用如下命令：

```
[root@localhost ~]# groupadd  testgroup
```

（2）删除刚创建的 testgroup 组，可用如下命令：

```
[root@localhost ~]# groupdel  testgroup
```

（3）修改用户组的命令是 groupmod，其命令格式为：

```
groupmod [选项] 组名
```

在修改用户组的命令中，常用的选项见表 4-7。

表 4-7　netstat 命令选项

选项	说　明
-g gid	把用户组的 GID 改成 gid
-n group-name	把用户组的名称改为 group-name
-o	强制接受更改的组的 GID 为重复的号码

2. 为组群添加用户

在 Linux 中使用不带任何参数的 useradd 命令创建用户时，会同时创建一个和用户账户同名的组群，称为主组群。当一个组群中必须包含多个用户时，则需要使用附属组群。在附属组中增加、删除用户都用 gpasswd 命令，gpasswd 命令的格式如下。

```
gpasswd [选项][用户][组]
```

只有 root 用户和组管理员才能够使用这个命令，命令选项见表 4-8。

表 4-8　gpasswd 命令选项

选项	说　明
-a	把用户加入组
-d	把用户从组中删除
-r	取消组的密码
-A	给组指派管理员

例如，要把 user1 用户加入 testgroup 组，并指派 user1 为管理员，可以执行下列命令：

```
[root@localhost ~]# groupadd  testgroup
[root@localhost ~]# gpasswd -a user1 testgroup
[root@localhost ~]# gpasswd -A user1 testgroup
```

4.3.3　切换用户

Linux 系统中可以简单地通过命令进行用户的切换，常用的用户切换命令有 su 和 sudo。

1. su 命令

su 命令可以解决切换用户身份的需求，使得当前用户在不退出登录的情况下，顺畅地切换到其他用户。使用 su 命令切换用户是最简单的用户切换方式，该命令可以在任意用户之间切换。su 命令的语法格式如下：

```
su - username
```

需要注意的是，上述格式中的“-”为一个选项，类似于“-l”，该选项与用户名之间应有一个空格。su 命令常用的参数见表 4-9。

表 4-9　su 命令参数

参数	说　明
-c	执行完指定的指令后，切换回原来的用户
-l	切换用户的同时，切换到对应用户的工作目录，环境变量也会随之改变
-m，-p	切换用户时，不改变环境变量
-s	指定要执行的 shell

当从 root 用户切换到普通用户时，是不需要密码验证的，而从普通用户切换成 root 管理员，就需要进行密码验证。

```
[test@localhost ~]$ su root
Password:
[root@localhost ~]# su - test
上一次登录:日 5 月  6 05:22:57 CST 2023pts/0 上
[test@localhost ~]$ exit
logout
[root@localhost ~]#
```

2. sudo 命令

sudo 命令是 Linux 系统管理命令，是允许系统管理员让普通用户执行一些或者全部的 root 命令的一个工具，如 reboot、su 等，这样不仅减少了 root 用户的登录和管理时间，还提高了安全性。

任务评价表

评价类型	赋分	序号	具体指标	分值	得分		
					自评	组评	师评
职业能力	55	1	对用户、用户组群的理解程度	15			
		2	修改用户账户文件的熟练程度	10			
		3	修改组群文件的熟练程度	10			
		4	添加用户账户的熟练程度	10			
		5	管理组群的熟练程度	10			
职业素养	20	1	坚持出勤，遵守纪律	5			
		2	协作互助，解决难点	5			
		3	按照标准规范操作	5			
		4	持续改进优化	5			
劳动素养	15	1	按时完成，认真填写记录	5			
		2	保持工位卫生、整洁、有序	5			
		3	小组分工合理性	5			
思政素养	10	1	完成思政素材学习	10			
总分				100			

<table>
<tr><th colspan="2">总结反思</th></tr>
<tr><td colspan="2">• 目标达成：知识　　　　能力　　　　素养</td></tr>
<tr><td>• 学习收获：</td><td rowspan="2">• 教师寄语：

签字：</td></tr>
<tr><td>• 问题反思：</td></tr>
</table>

❖ 本章小结

本章介绍了用户账户和组群的概念，熟悉了 Linux 用户的访问权限，了解了在 Linux 系统中增加、修改、删除用户或用户组的方法，对用户管理和组群管理有了更全面的认识，并能熟练使用 useradd、userdel、passwd、usermod、groupadd、groupdel、groupmod、gpasswd、su、sudo 等命令。

❖ 理论习题

1. 默认情况下，超级用户的登录提示符是什么？普通用户的登录提示符是什么？
2. 默认情况下，管理员创建了一个用户，就会在哪个目录下创建一个用户家目录？
3. 哪个命令可以设定用户密码？
4. 使用哪个命令可以删除一个已经存在的组？

❖ 实践习题

1. 新建新用户 user3，UID 为 1010，指定其所属的私有组为 group1（group1 组的标识符为 1010），用户的主目录为/home/user3，用户的 shell 为/bin/bash。
2. 创建新用户 yjm，指定登录 shell 为/bin/sh，指定用户所属组为 yjm。
3. 创建新用户 ghi，指定用户 id 为 1010。
4. 删除用户 abc，在删除用户的同时，也删除该用户对应的相关文件。
5. 修改用户 ghi 的 id 为 1011。
6. 创建一个组，组名为 stones。

❖ 深度思考

1. 如何理解用户和用户组？二者的区别和联系是什么？
2. 用户账户文件和组群文件中各字段的含义是什么？
3. 在练习用户操作命令和用户组操作命令的过程中，哪些能力得到了提升？

❖ 项目任务单

<table>
<tr><td>项目任务</td><td colspan="3"></td></tr>
<tr><td>小组名称</td><td></td><td>小组成员</td><td></td></tr>
<tr><td>工作时间</td><td></td><td>完成总时长</td><td></td></tr>
<tr><td colspan="4">项目任务描述</td></tr>
<tr><td colspan="4"></td></tr>
<tr><td rowspan="5">小组分工</td><td>姓名</td><td colspan="2">工作任务</td></tr>
<tr><td></td><td colspan="2"></td></tr>
<tr><td></td><td colspan="2"></td></tr>
<tr><td></td><td colspan="2"></td></tr>
<tr><td></td><td colspan="2"></td></tr>
<tr><td colspan="4">任务执行结果记录</td></tr>
<tr><td>序号</td><td>工作内容</td><td>完成情况</td><td>操作员</td></tr>
<tr><td>1</td><td></td><td></td><td></td></tr>
<tr><td>2</td><td></td><td></td><td></td></tr>
<tr><td>3</td><td></td><td></td><td></td></tr>
<tr><td>4</td><td></td><td></td><td></td></tr>
<tr><td colspan="4">任务实施过程记录</td></tr>
<tr><td colspan="4"></td></tr>
</table>

第 5 章 配置与管理文件系统

❖ 知识导读

计算机之所以能运行，是因为在机器硬件上配备了完整的操作系统；而用户之所以可按照固定的方式操作文件，是因为安装操作系统的过程中也配备了相应的文件系统。任何一个操作系统中的文件管理是其基本功能之一，而文件的管理是由文件系统来完成的。文件系统主要用于组织和管理计算机存储设备上的大量文件，并提供用户交互接口。

数据是以二进制的形式存储在磁盘中，文件系统可以将这些二进制数据还原为相应文件形式，并实现数据的查询和存储等。存储数据的物理设备有硬盘、U 盘、SD 卡、Flash、网络存储设备等。不同的存储设备有不同的物理结构，因此，就需要不同的文件系统去管理，比如：使用 ext 文件系统管理硬盘/SD 卡等。文件系统不仅包含着文件中的数据，还有文件系统的结构，所有 Linux 用户和程序看到的文件、目录、软连接及文件保护信息等都存储在其中。对计算机而言，硬件与软件相辅相成，密不可分，本章将从文件系统与目录、文件权限入手，对 Linux 文件系统与操作进行介绍。

❖ 知识目标

- 了解文件系统。
- 理解 Linux 文件系统目录结构。
- 理解绝对路径与相对路径。
- 理解文件和文件权限。
- 理解常见的目录名称以及相应内容。

❖ 技能目标

- 掌握 Linux 文件系统结构。
- 掌握 Linux 系统的文件权限管理。
- 掌握文件访问控制列表。
- 熟练使用网络管理与通信命令。
- 掌握 Linux 系统权限管理的应用。

❖ 思政目标

- 培养对机密文件的保密意识。

➢ 掌握数据保护的重要性。

“课程思政”链接
融入点：Linux 系统的文件权限管理　思政元素：保守秘密——增强保密工作意识
在介绍“配置与管理文件系统”内容时，专题嵌入 Linux 系统的文件权限管理：强调保密工作的重要性在于它涉及国家安全、企业利益和个人隐私等重要问题，如果泄密，会给社会、经济和政治稳定带来严重影响。随着信息时代的到来，个人信息变得越来越重要，个人信息的泄露会导致很多问题，例如：威胁财产安全、身份遭窃等。保密工作能够确保个人信息得到充分保护，提高公民的权益保障程度。保密工作的重要性不容忽视，我们每个人都应该加强保密意识，避免将重要信息泄露出去。同时，我们也应该支持国家机关、军队、企事业单位等部门加强保密工作，只有加强保密工作，才能确保敏感信息的安全，促进社会的稳定发展和个人的成长进步。
参考资料：《全民国家安全教育日 丨 保守国家秘密　筑牢保密防线》视频

❖ 1+X 证书考点

1. 云计算平台运维与开发职业技能等级要求（中级）

3. Linux 系统与服务构建运维	3.1　Linux 系统环境构建	(4) Linux 系统目录格式，熟悉 Linux 操作系统的目录结构。
	3.2　Linux 常用命令与工具	(3) Linux 文件管理、存储管理、进程管理，掌握基本磁盘及文件系统的创建、挂载与检查。

2. 互联网软件测试职业技能等级要求（初级）

1. 互联网测试平台搭建	1.1.1　Linux 系统管理与操作	1.1.2　能使用 SSH 远程登录等命令。 1.1.3　能管理 Linux 文件和账户权限。

3. 网络系统软件应用与维护职业技能等级要求（初级）

3. Linux 操作系统基础配置	3.4　用户身份与文件权限配置	3.4.1　能根据用户身份与文件权限配置工作任务要求，熟练掌握用户身份与权限的配置，准确判断配置的正确性。 3.4.2　能根据用户身份与文件权限配置工作任务要求，熟练掌握文件权限与归属的配置，准确判断配置的正确性。 3.4.3　能根据用户身份与文件权限配置工作任务要求，熟练掌握文件访问控制列表的配置，准确判断配置的正确性。

5.1 理解文件系统与目录

理解文件系统与目录

5.1.1 认识文件系统

文件系统是管理操作系统中文件的一组规则，它规定了数据在磁盘上的组织存储形式，也规定了系统访问数据的方式，用户在硬件存储设备中执行的文件建立、写入、读取、修改、转存与控制等操作都是依靠文件系统来完成的。文件系统的作用是合理规划硬盘，以保证用户正常的使用需求。Linux 系统支持数十种文件系统，最常见的文件系统如下所示。

1. Ext3

Ext3 是一款日志文件系统，能够在系统异常宕机时避免文件系统资料丢失，并能自动修复数据的不一致与错误。然而，当硬盘容量较大时，所需的修复时间也会很长，而且也不能百分之百地保证资料不会丢失。它会把整个磁盘的每个写入动作的细节都预先记录下来，以便在发生异常宕机后能回溯追踪到被中断的部分，然后尝试进行修复。

2. Ext4

Ext4 是 Ext3 的改进版本，它支持的存储容量高达 1 EB（1 EB = 1 073 741 824 GB），并且能够有无限多的子目录。另外，Ext4 文件系统能够批量分配 block 块，极大地提高读写效率。

3. XFS

XFS 是一种高性能的日志文件系统，而且是 CentOS 7 中默认的文件管理系统。它的优势在发生意外宕机后显得尤其明显，不但可以快速地恢复可能被破坏的文件，而且强大的日志功能只消耗极低的计算和存储性能。它最大可支持的存储容量为 18 EB，这几乎满足了所有需求。

日常在硬盘需要保存的数据实在太多了，因此，Linux 系统中有一个名为 super block 的“硬盘地图”。Linux 只是把每个文件的权限与属性记录在 inode 中，而且每个文件占用一个独立的 inode 表格，该表格的大小默认为 128 B，里面记录着如下信息。

（1）该文件的访问权限（read、write、execute）。

（2）该文件的所有者与所属组（owner、group）。

（3）该文件的大小（size）。

（4）该文件的创建或内容修改时间（ctime）。

（5）该文件的最后一次访问时间（atime）。

（6）该文件的修改时间（mtime）。

（7）文件的特殊权限（SUID、SGID、SBIT）。

（8）该文件的真实数据地址（point）。

文件的实际内容则保存在 block 块中（大小可以是 1 KB、2 KB 或 4 KB），一个 inode 的默认大小仅为 128 B（Ext3），记录一个 block 则消耗 4 B。当文件的 inode 被写满后，Linux 系统会自动分配出一个 block 块，专门用于像 inode 那样记录其他 block 块的信息，这样把各个 block 块的内容串到一起，就能够让用户读到完整的文件内容了。对于存储文件内容的 block 块，有下面两种常见情况（以 4 KB 的 block 大小为例进行说明）：

（1）文件很小（1 KB），但依然会占用一个 block，因此会潜在地浪费 3 KB。

（2）文件很大（5 KB），会占用两个 block（5 KB－4 KB 后剩下的 1 KB 也要占用一个 block）。

计算机系统在发展过程中产生了众多的文件系统，为了使用户在读取或写入文件时不用关心底层的硬盘结构，Linux 内核中的软件层为用户程序提供了一个 VFS（Virtual File System，虚拟文件系统）接口，这样用户实际上在操作文件时就是统一对这个虚拟文件系统进行操作了。VFS 的架构示意图如图 5－1 所示。

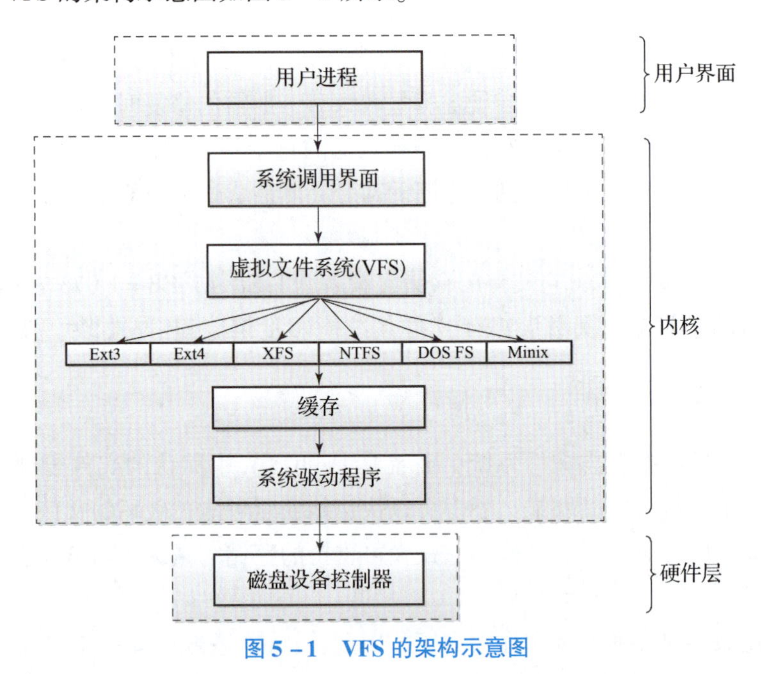

图 5－1　VFS 的架构示意图

5.1.2　理解 Linux 文件系统目录结构

在 Linux 系统中，目录、字符设备、块设备、套接字、打印机等都被抽象成了文件，Linux 系统中，一切都是文件。想要找到一个文件，要依次进入该文件所在的磁盘分区（假设这里是 D 盘），然后再进入该分区下的具体目录，最终找到这个文件。

在 Linux 系统中并不存在 C/D/E/F 等盘符，Linux 系统中的一切文件都是从“根（/）”目录开始的，并按照文件系统层次化标准（Filesystem Aierarchy Standard，FHS）采用树形结构来存放文件，以及定义了常见目录的用途。

Linux 系统中的文件和目录名称是严格区分大小写的。例如，root、rOOt、Root、rooT 均代表不同的目录，并且文件名称中不得包含斜杠（/）。Linux 系统中的文件存储结构如图 5－2 所示。

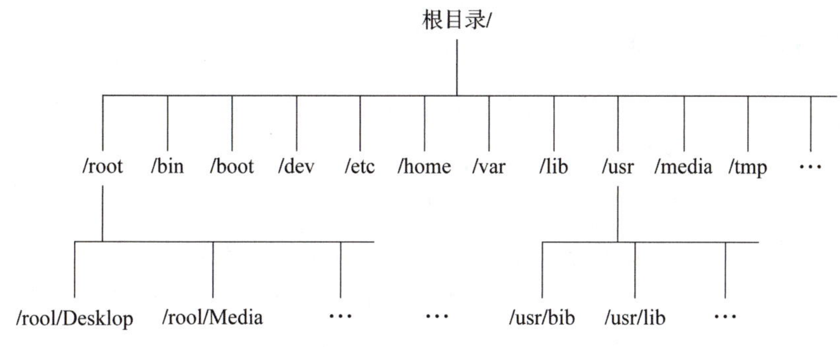

图5-2　Linux系统中的文件存储结构

从图5-2可以看出，目录结构是磁盘等存储设备上文件的组织形式，主要体现在对文件和目录的组织方式上。Linux操作系统中只有一个树状结构，根目录“/”存在于所有目录和文件的路径中，是唯一的根结点。在Linux系统中，最常见的目录以及所对应的存放内容见表5-1。

表5-1　Linux系统中常见的目录名称以及相应内容

目录名称	对应放置文件的内容
/var	主要存放经常变化的文件，如日志
/boot	开机所需文件内核、开机菜单以及所需配置文件等
/dev	以文件形式存放任何设备与接口
/etc	配置文件
/home	用户家目录
/bin	Binary的缩写，存放用户的可运行程序，如ls、cp等，也包含其他shell，如bash和cs等
/lib	开机时用到的函数库，以及/bin与/sbin下面的命令要调用的函数
/sbin	开机过程中需要的命令
/media	用于挂载设备文件的目录
/opt	放置第三方的软件
/root	系统管理员的家目录
/srv	一些网络服务的数据文件目录
/tmp	任何人均可使用的“共享”临时目录
/proc	虚拟文件系统，如系统内核、进程、外部设备及网络状态等
/usr/local	用户自行安装的软件
/usr/sbin	Linux系统开机时不会使用到的软件/命令/脚本
/usr/share	帮助与说明文件，也可放置共享文件

5.1.3 管理 Linux 文件权限

文件是操作系统用来存储信息的基本结构，它是一组信息的集合，并使用文件名来唯一标识。在 Linux 系统中，文件名称的最长长度被限制为 255 个字符，这些字符可以是 A ~ Z、0 ~ 9、.、_、- 等符号。与其他操作系统不同，Linux 系统没有“扩展名”的概念，这意味着文件的名称并不直接关联到文件的类型。此外，Linux 文件名是区分大小写的。

在 Linux 系统中的每一个文件或目录都包含有访问权限，这些访问权限决定了谁能访问和如何访问这些文件和目录。通过设定权限，可以从以下 3 种访问方式限制访问权限。

（1）只允许用户自己访问。

（2）允许一个预先指定的用户组中的用户访问。

（3）允许系统中的任何用户访问。

根据赋予权限的不同，3 种不同的用户（所有者、用户组或其他用户）能够访问不同的目录或者文件。所有者是创建文件的用户，文件的所有者能够授予所在用户组的其他成员以及系统中除所属组之外的其他用户的文件访问权限。每一个用户针对系统中的所有文件都有它自身的读、写和执行权限。

（1）第一套权限控制访问自己的文件权限，即所有者权限。

（2）第二套权限控制用户组访问其中一个用户的文件的权限。

（3）第三套权限控制其他所有用户访问一个用户的文件的权限。

这三套权限赋予用户不同类型（即所有者、用户组和其他用户）的读、写及执行权限，就构成了一个有 9 种类型的权限组。可以用“ls -l”或者 ll 命令显示文件的详细信息，详细信息里包括七组数据信息，其中包括权限，如下所示。

```
[root@localhost ~]# ll
total 84
drwxr-xr-x          2 root root  4096  Aug  9 15:03  Desktop
-rw-r--r--     1 root root  1421  Aug  9 14:15  anaconda-ks.cfg
-rw-r--r--     1 root root  6107  Aug  9 14:15  install.log.syslog
drwxr-xr-x        2 root root  4096  Sep  1 13:54  webmin
```

1. 第 1 组为文件类型权限

每一行的第一个字符一般用来区分文件的类型，一般取值为 d、-、l、b、c、s、p。具体含义如下。

d：表示是一个目录，在 ext 文件系统中，目录也是一种特殊的文件。

-：表示该文件是一个普通的文件。

l：表示该文件是一个符号链接文件，实际上它指向另一个文件。

b、c：分别表示该文件为区块设备或其他的外围设备，是特殊类型的文件。

s、p：这些文件关系到系统的数据结构和管道，通常很少见到。

每一行的第 2 ~ 10 个字符表示文件的访问权限。这 9 个字符，每 3 个为一组，左边 3 个字符表示所有者权限，中间 3 个字符表示与所有者同一组的用户的权限，右边 3 个字符是其他用户的权限，代表的意义如下：

字符 2、3、4 表示该文件所有者的权限，有时也简称为 u（User）的权限。字符 5、6、7 表示该文件所有者所属组的组成员的权限。例如，此文件拥有者属于“user”组群，该组群中有 6 个成员，表示这 6 个成员都有此处指定的权限，简称为 g（Group）的权限。字符 8、9、10 表示该文件所有者所属组群以外的权限，简称为 o（Other）的权限。这 9 个字符根据权限种类的不同，也分为 3 种类型。

r（Read，读取）：对文件而言，具有读取文件内容的权限；对目录来说，具有浏览目录的权限。

w（Write，写入）：对文件而言，具有新增、修改文件内容的权限；对目录来说，具有删除、移动目录内文件的权限。

x（execute，执行）：对文件而言，具有执行文件的权限；对目录来说，具有进入目录的权限。

-：表示不具有该项权限。

2. 第 2 组表示有多少文件名连接到此节点（i-node）

每个文件都会将其权限与属性记录到文件系统的 i-node 中，不过，使用的目录树却是使用文件来记录，因此，每个文件名就会连接到一个 i-node。这个属性记录的就是有多少不同的文件名连接到相同的一个 i-node。

3. 第 3 组表示这个文件（或目录）的拥有者账号

4. 第 4 组表示这个文件的所属群组

在 Linux 系统下，你的账号会附属于一个或多个群组中。举例来说明：class1、class2、class3 均属于 projecta 这个群组，假设某个文件所属的群组为 projecta，并且该文件的权限为（-rwxrwx---），则 class1、class2、class3 3 人对于该文件都具有可读、可写、可执行的权限（看群组权限）。但如果是不属于 projecta 的其他账号，此文件就不具有任何权限了。

5. 第 5 组为这个文件的容量大小，默认单位为字节

6. 第 6 组为这个文件的创建日期或者是最近的修改日期

这一栏的内容分别为日期（月/日）及时间。如果这个文件被修改的时间距离现在太久，那么时间部分会仅显示年份而已。如果想要显示完整的时间格式，可以利用 ls 的选项，即 ls -l --full-time，就能够显示出完整的时间格式了。

7. 第 7 组为这个文件的文件名

比较特殊的是：如果文件名之前多一个“.”，则代表这个文件为隐藏文件。请读者使用 ls 及 ls -a 这两个指令去体验一下什么是隐藏文件。

5.2 配置与管理文件权限

配置与管理文件权限

在 Linux 系统中，文件权限是非常重要的概念。它能够控制谁可以访问文件，以及可以执行哪些操作，正确地设置文件权限可以确保系统的安

全性和稳定性。在 Linux 系统中，每个文件和目录都有一个所有者和一个用户组。此外，还有三种类型的权限：读取、写入和执行。

5.2.1 文件预设权限

文件权限包括读（r）、写（w）、执行（x）等基本权限，决定文件类型的属性包括目录（d）、文件（-）、连接符等。修改权限的方法（chgrp、chown、chmod）在前面已经提过。在 Linux 的 ext2/ext3/ext4 文件系统下，除基本 r、w、x 权限外，还可以设定系统隐藏属性。设置系统隐藏属性使用 chattr 命令，而使用 lsattr 命令可以查看隐藏属性。另外，基于安全机制方面（security）的考虑，设定文件不可修改的特性，即文件的拥有者也不能修改。查阅默认权限的方式有两种：

（1）直接输入 umask，可以看到数字形态的权限设定。

（2）加入 -S（Symbolic）选项，则会以符号类型的方式显示权限。

目录与文件的默认权限是不一样的。我们知道，x 权限对于目录是非常重要的。但是一般文件的建立是不应该有执行的权限，因为一般文件通常用于数据的记录，当然不需要执行的权限。预设的情况如下：

（1）若使用者建立文件，则预设没有可执行（x）权限，即只有 rw 这两个项目，也就是最大为 666，预设权限为 -rw-rw-rw-。

（2）若用户建立目录，则由于 x 与是否可以进入此目录有关，因此，默认所有权限均开放，即为 777，预设权限为 drwxrwxrwx。

umask 的分值指的是该默认值需要减掉的权限（r、w、x 分别对应的是 4、2、1），具体如下：

（1）去掉写入的权限时，umask 的分值输入 2。

（2）去掉读取的权限时，umask 的分值输入 4。

（3）去掉读取和写入的权限时，umask 的分值输入 6。

（4）去掉执行和写入的权限时，umask 的分值输入 3。

上面的例子中，因为 umask 为 022，所以 user 并没有被去掉任何权限，不过 group 与 others 的权限被去掉了 2（也就是 w 这个权限），那么使用者的权限如下。

（1）建立文件时：(-rw-rw-rw-) -(-----w--w-) = -rw-r--r—。

（2）建立目录时：(drwxrwxrwx) -(d----w--w-) = drwxr-xr-x。

通过命令验证结果如下：

```
[root@localhost ~]# umask
0022
[root@localhost ~]# touch file1
[root@localhost ~]# mkdir mulu1
[root@localhost ~]# ll
-rw-r--r--. 1 root root      0 8 月      3 15:54 file1
drwxr-xr-x. 2 root root      6 8 月      3 15:54 mulu1
```

5.2.2　文件隐藏属性

1. chattr 命令

通过 chattr 命令修改文件属性能提高系统的安全性，是基于内核的更底层的属性控制，语法格式是：chattr [-RV] [-v <版本编号>] [+/-/= <属性>] [文件或目录…]。这项指令可改变存放在 ext4 文件系统上的文件或目录属性，这些属性共有如下 8 种模式：

(1) a：系统只允许在这个文件之后追加数据，不允许任何进程覆盖或截断这个文件。如果目录具有这个属性，系统将只允许在这个目录下建立和修改文件，而不允许删除任何文件。

(2) b：不更新文件或目录的最后存取时间。

(3) c：将文件或目录压缩后存放。

(4) d：将文件或目录排除在倾倒操作之外。

(5) i：不得任意改动文件或目录。

(6) s：保密性删除文件或目录。

(7) S：即时更新文件或目录。

(8) u：预防意外删除。

chattr 的相关参数如下。

-R：递归处理，将指定目录下的所有文件及子目录一并处理。

-v <版本编号>：设置文件或目录版本。

-V：显示指令执行过程。

+ <属性>：开启文件或目录的该项属性。

- <属性>：关闭文件或目录的该项属性。

= <属性>：指定文件或目录的该项属性。

例：请尝试在/tmp 目录下建立文件，加入 i 参数，并尝试删除。

```
[root@localhost ~]# cd /tmp
[root@localhost tmp]# touch chattrtest
[root@localhost tmp]# chattr +i chattrtest
[root@localhost tmp]# rm chattrtest
rm:是否删除普通空文件 "chattrtest"? y
rm: 无法删除"chattrtest": 不允许的操作
```

将该文件的 i 属性取消的代码如下：

```
[root@localhost tmp]# chattr -i chattrtest
```

2. lsattr 命令

lsattr 命令的英文全称即“list attribute”，用于查看特定设备或特定文件在 Linux 第二扩展文件系统上的特有属性信息。该命令常与 chattr 命令一起使用，chattr 命令用于改变文件或目录的隐藏属性，而 lsattr 命令则用于查看其属性。该命令的语法格式为：lsattr [-adR] 文件或目录。该命令的选项与参数如下：

-a：将隐藏文件的属性也显示出来。

-d：如果是目录，仅列出目录本身的属性而非目录内的文件名。

-R：连同子目录的数据也一并列出来。

lsattr 命令举例如下。

```
root@localhost tmp]# touch chattrtest
[root@localhost tmp]# chattr +aiS chattrtest
[root@localhost tmp]# lsattr chattrtest
--S-ia---------- chattrtest
```

5.2.3 文件访问控制列表

传统的 Linux 文件系统的权限控制是通过 user、group、other 与 r（读）、w（写）、x（执行）的不同组合来实现的。随着应用的发展，这些权限组合已不能适应现时复杂的文件系统权限控制要求。例如，可能需把一个文件的读权限和写权限分别赋予两个不同的用户或一个用户和一个组这样的组合。传统的权限管理设置起来就力不从心了。

文件访问控制列表（Access Control Lists，ACL）是 Linux 开发出来的一套新的文件系统权限管理方法。ACL 支持多种 Linux 文件系统，包括 ext2、ext3、ext4、XFS 等。一般权限、特殊权限、隐藏权限其实有一个共性——权限是针对某一类用户设置的。如果希望对某个指定的用户进行单独的权限控制，就需要用到文件的访问控制列表（Access Control List，ACL）了。

为了更直观地看到 ACL 对文件权限控制的强大效果，可以先切换到普通用户，然后尝试进入 root 管理员的家目录中。

在没有针对普通用户对 root 管理员的家目录设置 ACL 之前，执行结果如下所示：

```
[root@localhost ~]# su yjm
[yjm@localhost root]$ cd /root
bash: cd: /root: 权限不够
[yjm@localhost root]$ exit
exit
```

setfacl 命令用于管理文件的 ACL 规则，格式为“setfacl [参数] 文件名称”。文件的 ACL 提供的是在所有者、所属组、其他人的读/写/执行权限之外的特殊权限控制，使用 setfacl 命令可以针对单一用户或用户组、单一文件或目录来进行读/写/执行权限的控制。其中，针对目录文件需要使用 -R 递归参数；针对普通文件可以使用 -m 参数；如果想要删除某个文件的 ACL，可以使用 -b 参数。下面来设置用户在/root 目录上的权限：

```
[root@localhost ~]# setfacl -Rm u:yjm:rwx /root
[root@localhost ~]# su yjm
[yjm@localhost root]$ cd /root
[yjm@localhost root]$ ls
[yjm@localhost root]$ cat anaconda-ks.cfg
[yjm@localhost root]$ exit
```

那么怎样查看文件上有哪些 ACL 呢？常用的 ls 命令看不到 ACL 表信息，却可以看到文

件的权限最后一个点（.）变成了加号（+），这就意味着该文件已经设置了 ACL。

```
ls -ld /root
        dr-xrwx---+ 18 root root 4096 8 月       3 15:57 /root
```

getfacl 命令用于显示文件上设置的 ACL 信息，格式为“getfacl 文件名称”。想要设置 ACL，用的是 setfacl 命令；要想查看 ACL，则用的是 getfacl 命令。下面使用 getfacl 命令显示在 root 管理员家目录上设置的所有 ACL 信息。

```
[root@localhost ~]# getfacl /root
getfacl: Removing leading '/' from absolute path names
# file: root
# owner: root
# group: root
user::r-x
user:yjm:rwx
group::r-x
mask::rwx
other::---
```

任务评价表

评价类型	赋分	序号	具体指标	分值	得分		
					自评	组评	师评
职业能力	55	1	对文件系统的理解程度	15			
		2	对 Linux 文件系统目录的理解程度	10			
		3	配置和管理 Linux 文件权限的熟练程度	10			
		4	设置文件隐藏属性的熟练程度	10			
		5	设置访问控制列表的熟练程度	10			
职业素养	20	1	坚持出勤，遵守纪律	5			
		2	协作互助，解决难点	5			
		3	按照标准规范操作	5			
		4	持续改进优化	5			
劳动素养	15	1	按时完成，认真填写记录	5			
		2	保持工位卫生、整洁、有序	5			
		3	小组分工合理性	5			

续表

评价类型	赋分	序号	具体指标	分值	得分		
					自评	组评	师评
思政素养	10	1	完成思政素材学习	10			
总分				100			

总结反思	
• 目标达成：知识　　　　能力　　　　素养	
• 学习收获：	• 教师寄语：
• 问题反思：	签字：

❖ 本章小结

本章介绍了 Linux 文件系统结构、Linux 系统的文件权限管理，熟悉了文件系统管理工具，掌握了 Linux 系统权限管理的应用，熟悉了 Linux 文件系统与目录以及如何管理 linux 文件权限，熟练掌握了修改文件与目录的默认权限和隐藏权限，以及文件访问控制列表的使用方法。

❖ 理论习题

1. brwxr -- r -- ，表示什么文件？文件所有者和其他用户分别具有哪些权限？

2. - rw - rw - r - x，表示什么文件？文件所有者、同组用户和其他用户分别具有哪些权限？

3. drwx -- x—x，表示什么文件？文件所有者、其他用户分别具有哪些权限？

4. l rwxrwxrwx，表示什么文件？文件所有者、同组用户和其他用户分别具有哪些权限？

5. 某文件的权限为：rw - r -- r -- ，用数值形式表示该权限的形式是什么？

6. 如果执行命令 chmod 746 file. txt，那么文件所有者对该文件的权限为可读可写可操作，所属组用户对该文件的权限是什么？其他人对该文件的权限是什么？

7. 哪条命令可以更改一个文件的权限设置？

8. 使用 ls -l 命令查看文件时，显示如下信息：

```
-rwxr-x-w- 2 Paul students 127 Oct 5 13:37 file1
```

那么该文件的所有者是谁？

9. 以长格式列目录时，若文件 test 的权限描述为：drwxrw－r－，则文件 test 的类型及文件所有者的权限分别是什么？

10. Linux 系统中的 shell 脚本文件一般以什么开头？

11. 哪个系统目录中包含 Linux 系统使用的外部设备？

❖ 深度思考

1. Linux 文件权限中保存了哪些信息？
2. 进入某个目录，需要使用绝对路径吗？还是需要使用相对路径？还是都可以？
3. 哪个文件权限最重要？

❖ 项目任务单

<table>
<tr><td>项目任务</td><td colspan="4"></td></tr>
<tr><td>小组名称</td><td colspan="2"></td><td>小组成员</td><td></td></tr>
<tr><td>工作时间</td><td colspan="2"></td><td>完成总时长</td><td></td></tr>
<tr><td colspan="5">项目任务描述</td></tr>
<tr><td colspan="5"></td></tr>
<tr><td rowspan="5">小组分工</td><td>姓名</td><td colspan="3">工作任务</td></tr>
<tr><td></td><td colspan="3"></td></tr>
<tr><td></td><td colspan="3"></td></tr>
<tr><td></td><td colspan="3"></td></tr>
<tr><td></td><td colspan="3"></td></tr>
<tr><td colspan="5">任务执行结果记录</td></tr>
<tr><td>序号</td><td colspan="2">工作内容</td><td>完成情况</td><td>操作员</td></tr>
<tr><td>1</td><td colspan="2"></td><td></td><td></td></tr>
<tr><td>2</td><td colspan="2"></td><td></td><td></td></tr>
<tr><td>3</td><td colspan="2"></td><td></td><td></td></tr>
<tr><td>4</td><td colspan="2"></td><td></td><td></td></tr>
<tr><td colspan="5">任务实施过程记录</td></tr>
<tr><td colspan="5"></td></tr>
</table>

第 6 章

配置与管理磁盘

❖ 知识导读

在计算机中，硬盘或其他存储设备上的磁盘分区是指将物理硬盘分成若干逻辑部分来进行数据存储的过程。分区可以为不同的操作系统、文件系统或应用程序提供独立的存储空间，也可以对数据进行管理、备份和恢复。逻辑卷管理器（LVM）是 Linux 系统中的一种磁盘管理工具，它可以将多个物理硬盘的存储空间组合成一个或多个大的逻辑卷，并且可以动态地对逻辑卷进行扩展、缩小和备份等操作。本章将详细介绍如何熟练管理逻辑卷 LVM。

❖ 知识目标

➢ 了解 LVM 的基本概念和原理。
➢ 熟悉 LVM 的主要命令和操作。
➢ 掌握如何创建和管理物理卷、逻辑卷组和逻辑卷。
➢ 熟练掌握 LVM 的扩展、缩小和备份等操作。
➢ 理解 LVM 的性能和安全性问题。

❖ 技能目标

➢ 能够使用 pvcreate、vgcreate 和 lvcreate 等命令创建物理卷、逻辑卷组和逻辑卷。

➢ 能够使用 pvscan、vgscan 和 lvscan 等命令扫描和显示 LVM 的物理卷、逻辑卷组和逻辑卷信息。

➢ 能够使用 pvresize、vgresize 和 lvresize 等命令对 LVM 的物理卷、逻辑卷组和逻辑卷进行动态扩展或缩小。

➢ 能够使用 LVM 工具来管理文件系统、数据库和虚拟机等系统。

❖ 思政目标

➢ 培养学生的创新意识和正确的学习态度。

“课程思政”链接
融入点：LVM 技术的创新性和安全性　思政元素：守正创新——正确的学习态度
在介绍 LVM 的基础概念和工作原理等内容时，专题嵌入 LVM 技术的创新性和安全性，强调 LVM 技术的创新性和安全性对于 Linux 系统的健康发展至关重要。“守正创新”是一种正确的学习态度，它强调既要有坚守正统、正本清源的定力，又要有因时而变、推陈出新的智慧。这种态度体现了对传统文化的传承与发扬，以及对时代发展的认知与应对。在“守正”方面，我们应该坚守正统的思想、理念和价值观，不断学习和传承优秀的传统文化与知识。同时，也要有批判性思维，对传统文化和知识进行审视和筛选，取其精华，去其糟粕。在“创新”方面，应该勇于探索新的领域、尝试新的方法和技术，不断推动创新发展。同时，也应该把握好创新的度，不要为了创新而创新，要遵循科学规律和社会发展的规律，确保创新的可持续性和效益性。 总之，“守正创新”是一种既尊重传统又追求创新的学习态度，它有助于我们在不断学习和探索中成长进步，更好地适应时代发展的需要。

❖ 1+X 证书考点

网络系统软件应用与维护职业技能等级要求（中级）

1. 配置与管理磁盘	6.2 配置与使用 LVM 逻辑卷	6.2.1 LVM 基础概念：掌握 LVM 的概念、工作原理、逻辑卷、物理卷、卷组等基本概念。 6.2.2 LVM 的配置：了解 LVM 的配置和操作流程，包括 LVM 的安装、卷组的创建、逻辑卷的创建、扩展和收缩等。 6.2.3 LVM 的管理：具备 LVM 的基本管理技能，能够进行逻辑卷的管理和维护，包括逻辑卷的扩容、缩容、移动、拆分和合并等操作。 6.2.4 LVM 的故障处理：熟悉 LVM 的常见故障类型和处理方法，能够进行 LVM 的故障排查和修复。

6.1 熟练管理逻辑卷 LVM

熟练管理逻辑卷 LVM

6.1.1 LVM 概念

LVM（Logical Volume Manager）是一种在逻辑上对物理磁盘进行管理的机制，为 Linux 系统提供了动态的磁盘存储空间管理功能。通过 LVM 机制，可以将多个物理磁盘的存储空间汇集为一个逻辑设备，而这个逻辑设备是由多个物理磁盘的存储空间组成的。它的主要目的是将许多硬盘或分区的可用空间整合成一个逻辑设备，并提供在管理逻辑卷时的更高的灵活性和可扩展性。

（1）在 LVM 中，最基本的单位是物理卷（Physical Volume，PV），它可以是整个磁盘或磁盘的一个分区，并且必须以物理卷的形式存在才能在LVM上使用。其次是逻辑卷组（Volume Group，VG），它是由多个物理卷组成的，其目的是提供一个虚拟磁盘，使得用户可以通过一个逻辑卷组来管理其所有的物理卷。逻辑卷（Logical Volume，LV）是从逻辑卷组上划分出来的一个逻辑磁盘，所有访问该逻辑磁盘的操作都将被映射到逻辑卷组和底层物理卷上。

（2）LVM机制经常被用于服务器管理，因为在服务器上需要动态地分配磁盘空间。使用LVM后，可以在不断壮大的文件系统上创建一个或多个逻辑磁盘，这些逻辑磁盘可以被扩展和缩小，这使得系统管理员可以更方便地管理和控制文件系统。

（3）LVM的操作包括创建和删除物理卷、卷组及逻辑卷，扩展、缩小、备份、还原和移动逻辑卷。LVM还支持从一个卷组转移逻辑卷到另一个卷组，并且支持创建快照，即在任何时候捕捉逻辑卷的状态并保存以供后续还原。因此，LVM提供了一个灵活的磁盘管理系统，可以增强系统的可靠性和可用性，这对于服务器上的大型数据库和文件系统来说是非常重要的。

6.1.2　LVM基本术语

1. 物理卷

物理卷在LVM系统中处于最底层，可以将其理解为物理硬盘、硬盘分区或者RAID磁盘阵列。卷组建立在物理卷之上，一个卷组可以包含多个物理卷，而且在卷组创建之后，也可以继续向其中添加新的物理卷。物理卷可以是整个硬盘、硬盘上的分区，或从逻辑上与磁盘分区具有同样功能的设备（如RAID）。物理卷是LVM的基本存储逻辑块，但和基本的物理存储介质（如分区、磁盘等）比较，还包含有与LVM相关的管理参数。

2. 逻辑卷组

卷组建立在物理卷之上，由一个或多个物理卷组成。卷组创建之后，可以动态地添加物理卷到卷组中，在卷组上可以创建一个或多个LVM分区（逻辑卷）。一个LVM系统中可以只有一个卷组，也可以包含多个卷组。LVM管理的卷组类似于非LVM系统中的物理硬盘。

3. 逻辑卷

逻辑卷建立在卷组之上，是从卷组中“切出”的一块空间。逻辑卷创建之后，其大小可以伸缩。在LVM的逻辑卷上可以建立文件系统。逻辑卷是用卷组中空闲的资源建立的，并且逻辑卷在建立后可以动态地扩展或缩小空间。

4. 物理区域

每一个物理卷被划分为若干基本单元（称为PE）。具有唯一编号的PE，是可以被LVM寻址的最小存储单元。PE的大小可根据实际情况在创建物理卷时指定，默认为4 MB。PE的大小一旦确定，将不能改变，同一个卷组中所有物理卷的PE大小一致。

5. 镜像卷

镜像卷（Mirrored Volume）是将两个或多个物理卷完全复制在一起的逻辑卷。当其中一个物理卷失效时，另一个物理卷仍然可用，从而保证数据的可靠性和完整性。

6. RAID 卷

RAID（Redundant Array of Independent Disks，独立冗余磁盘阵列）是一种技术，可以将多个物理硬盘组合在一起，以实现冗余、提高性能、增加容量等功能。在 LVM 中，可以使用多种 RAID 级别来创建逻辑卷。

7. 快照

LVM 支持对逻辑卷进行快照（Snapshot）操作，即在任何时候捕捉逻辑卷的状态并保存，以供后续还原。这使得管理员可以在不影响正在运行的应用程序的情况下备份和还原数据。

6.1.3 LVM 应用场景

LVM 机制经常被用于服务器管理，因为服务器上需要动态地分配磁盘空间。使用 LVM 后，可以在不断壮大的文件系统上创建一个或多个逻辑磁盘，这些逻辑磁盘可以被扩展和缩小，这使得系统管理员可以更方便地管理和控制文件系统。以下是一些常见的 LVM 的应用场景。

1. 数据库管理

在大型数据库系统中，需要大量的存储空间来保存数据文件、日志文件等。使用 LVM，可以将多个物理硬盘的存储空间汇集为一个逻辑磁盘，并通过动态扩容来满足不断增长的数据需求。此外，LVM 还支持 RAID 级别，可以提供更高的性能和数据冗余度。

2. 文件系统管理

在 Linux 系统中，需要对大量小文件进行高效的管理和存储。使用 LVM，可以将这些小文件划分到不同的逻辑卷中，并将它们组织成一个单独的逻辑磁盘。这使得管理员可以更方便地管理和控制文件系统。

3. 应用程序开发

在软件开发过程中，需要使用大量的临时文件、日志文件和编译输出文件等。使用 LVM，可以将这些临时文件和编译输出文件存放到一个独立的逻辑磁盘中，以减少对主程序的影响。

4. 虚拟机管理

在云计算和虚拟化环境中，需要为每个虚拟机提供独立的存储空间。使用 LVM，可以将多个物理硬盘组合成一个大容量的逻辑卷组，并将这些逻辑卷分配给虚拟机使用。这使得虚拟机的存储空间可以更加灵活和高效地分配和管理。

总之，LVM 是一个功能强大的磁盘管理工具，适用于各种不同类型的服务器和应用程序场景。它提供了一种灵活的方式来管理磁盘存储空间，可以提高系统的可靠性和可用性，同时也可以简化系统管理员的工作量。

6.1.4 LVM 基本操作

1. 部署逻辑卷

一般而言，在生产环境中无法精确地预估每个硬盘分区在日后的使用情况，因此会导致原先分配的硬盘分区不够用。比如，伴随着业务量的增加，用于存放交易记录的数据库目录的体积也随之增加；分析并记录用户的行为导致日志目录的体积不断变大，这些都会导致原有的硬盘分区在使用上捉襟见肘。另外，还存在需要对较大的硬盘分区进行精简缩容的情况。可以通过部署 LVM 来解决上述问题。部署 LVM 时，需要逐个配置物理卷、卷组和逻辑卷。

2. 扩容逻辑卷

卷组是由多块硬盘设备共同组成的，用户在使用存储设备时，感觉不到设备底层的架构和布局，更不用关心底层是由多少块硬盘组成的，只要卷组中有足够的资源，就可以一直为逻辑卷扩容。扩容前请一定要记得卸载设备和挂载点的关联。

3. 缩小逻辑卷

相较于扩容逻辑卷，在对逻辑卷进行缩容操作时，其丢失数据的风险更大。所以，在生产环境中执行相应操作时，一定要提前备份好数据。另外，在对 LVM 逻辑卷进行缩容操作之前，要先检查文件系统的完整性。在执行缩容操作前，记得先把文件系统卸载掉。

4. 删除逻辑卷

当生产环境中想要重新部署 LVM 或者不再需要使用 LVM 时，则需要执行 LVM 的删除操作。为此，需要提前备份好重要的数据信息，然后依次删除逻辑卷、卷组、物理卷设备，这个顺序不可颠倒。

6.2 项目实训：配置与使用 LVM 逻辑卷

6.2.1 知识准备

项目实训一：配置与使用 LVM 逻辑卷

LVM 是一种高级的磁盘分区方式，相对于传统的分区方式，LVM 提供了更多的灵活性和可靠性。在学习配置和使用 LVM 之前，需要了解以下概念：

1. 物理卷（Physical Volume，PV）

在 LVM 中，物理硬盘被划分为一个或多个物理卷（PV），每个物理卷可以占用一个或多个物理硬盘分区。

2. 卷组（Volume Group，VG）

物理卷被组织成卷组（VG），卷组由物理卷组成，并提供统一的命名空间和管理功能。

3. 逻辑卷（Logical Volume，LV）

逻辑卷（LV）是一个虚拟磁盘，由卷组中的一组物理卷构成。在逻辑卷上可以创建文件系统和存储数据。

4. 扩展卷组（Extended Volume Group，EVG）

当一个卷组中的物理卷不够用时，可以扩展卷组范围来添加新的物理卷。

5. 快照（Snapshot）

LVM 提供了快照功能，可以对逻辑卷进行快照，以便在出现问题时可以还原到之前的状态。

6.2.2 案例目标

(1) 了解 LVM 逻辑卷的安装。
(2) 掌握 LVM 逻辑卷的配置与使用。

6.2.3 案例描述

在 IP 地址为 192.168.200.100 的 Linux 操作系统单节点进行如下设置:

◆ 规划节点
◆ 配置 IP 地址
◆ 添加硬盘
◆ 使用 LVM

6.2.4 案例分析

1. 规划节点

Linux 操作系统的单节点规划，见表 6－1。

表 6－1 节点规划

IP	主机名	节点
192.168.200.10	LVM	LVMe 节点

2. 基础准备

使用安装好的 Linux 虚拟机进行实操练习。

6.2.5 案例实施

1. 配置 IP 地址

查看虚拟网络编辑器，查看本机 NAT 模式的网络信息，如图 6－1 所示。

回到虚拟机界面，编辑网卡配置文件，将网络配置成 192.168.200.10，命令如下:

```
[root@localhost ~]#vi/etc/sysconfig/network-scripts/ifcfg-eno16777736
[root@localhost ~]#cat/etc/sysconfig/network-scripts/ifcfg-eno16777736
```

配置完成后，重启网络并查看 IP，命令如下:

```
[root@localhost ~]#systemctl restart network
[root@localhost ~]#ip a
```

配置完 IP 后，可以通过 PC 机的远程连接工具 SecureCRT 连接虚拟机。

2. 添加硬盘

在 VMware Workstation 中的虚拟机设置界面，单击下方“添加”按钮，选择“硬盘”，然后单击右下角“下一步”按钮，如图 6－2 所示。

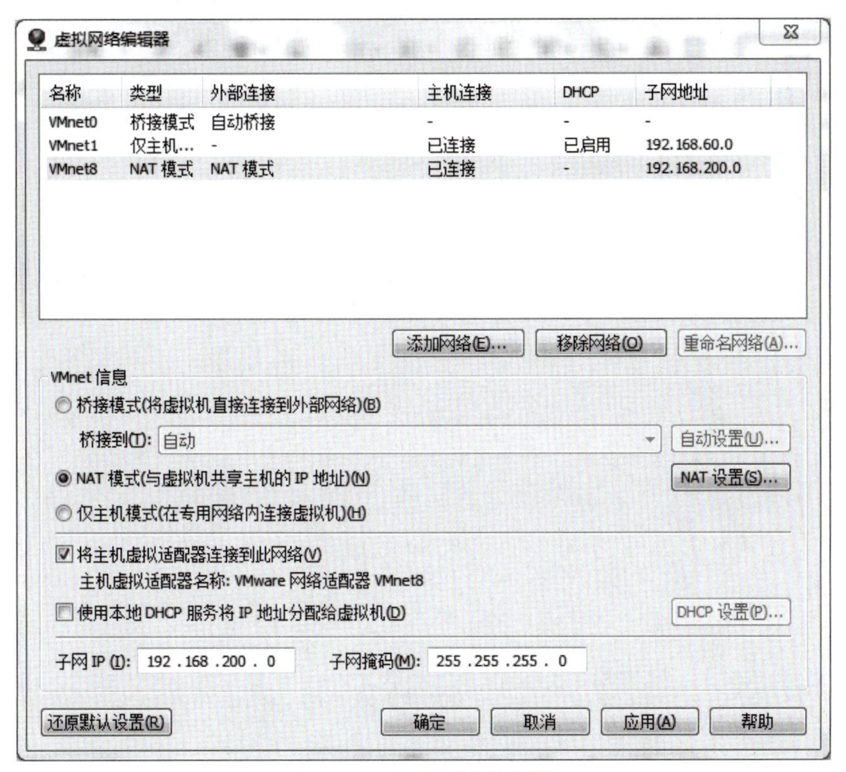

图 6－1　虚拟网络编辑器

图 6－2　添加硬盘

选择 SCSI（S）磁盘，单击右下角的“下一步”按钮，如图 6－3 所示。

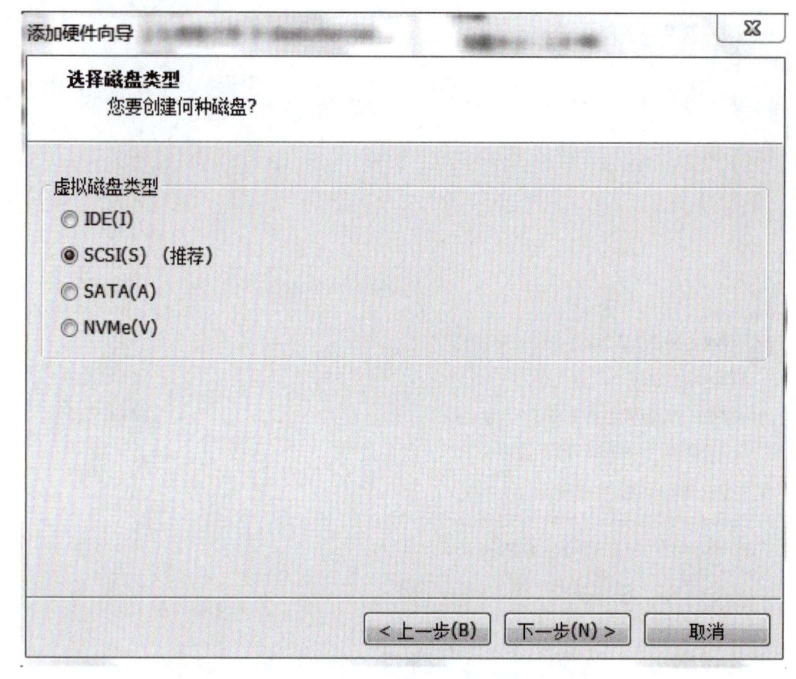

图 6－3　选择磁盘类型

选择“创建新虚拟磁盘（V）”选项，然后单击右下角“下一步”按钮，如图 6－4 所示。

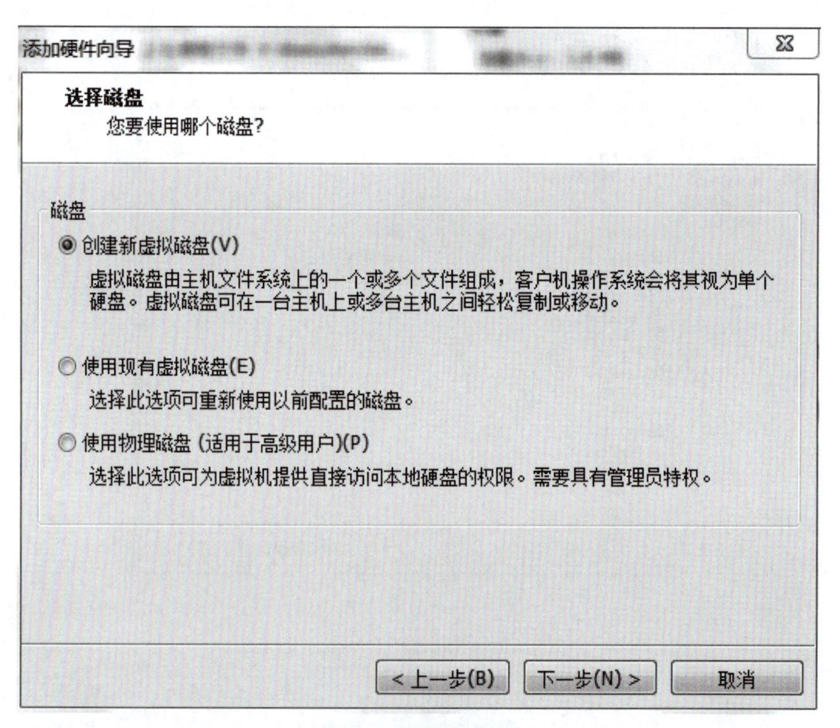

图 6－4　选择磁盘

指定磁盘大小为 20 GB，如图 6－5 所示。

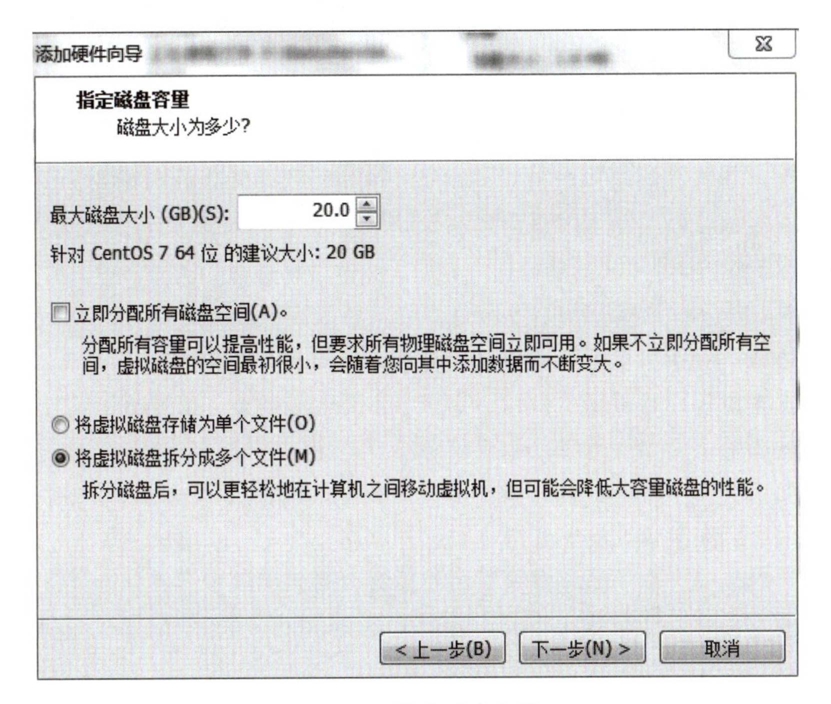

图 6－5　指定磁盘容量

文件名不做修改，使用默认名称，然后单击右下角的“完成”按钮，如图 6－6 所示。

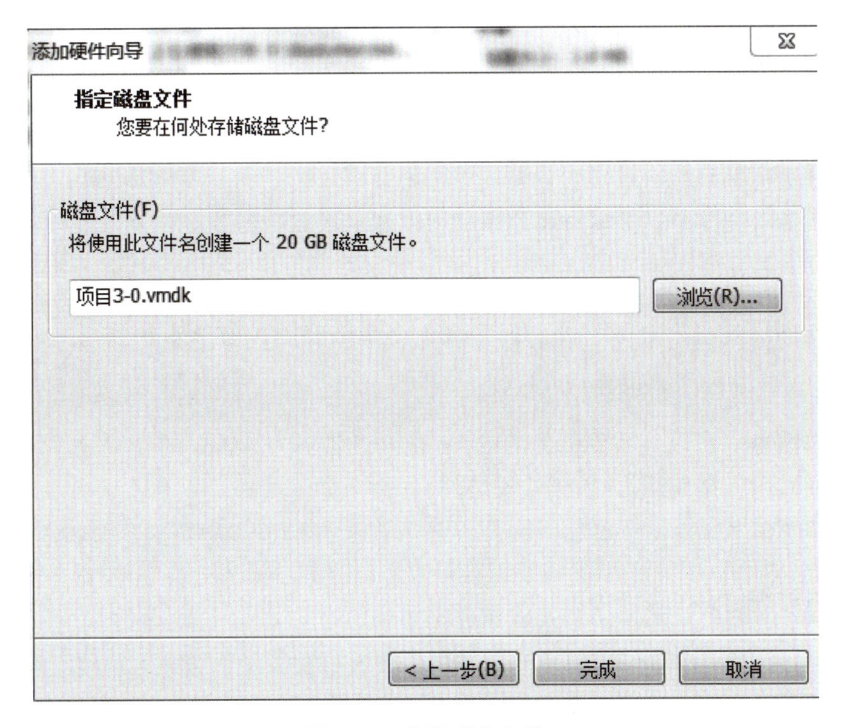

图 6－6　指定磁盘文件

添加完磁盘后，启动虚拟机。启动过后，使用 lsblk 命令查看磁盘：

```
[root@localhost ~]# lsblk
NAME MAJ:MIN RM SIZE RO TYPE MOUNTPOINT
sda 8:0 0 20G 0 disk
├─sda1 8:1 0 500M 0 part /boot
└─sda2 8:2 0 19.5G 0 part
├─centos-root 253:0 0 17.5G 0 lvm /
└─centos-swap 253:1 0 2G 0 lvm [SWAP]
sdb 8:16 0 20G 0 disk
sr0 11:0 1 4G 0 rom
```

可以看到存在一块名叫 sdb 的块设备，大小为 20 GB。

3. LVM 的使用

1）创建物理卷

在创建物理卷之前，需要对磁盘进行分区。首先使用 fdisk 命令对 sdb 进行分区操作，分出两个大小为 5 GB 的分区，命令如下：

```
[root@localhost ~]# fdisk /dev/sdb
[root@localhost ~]# lsblk
```

分完分区后，对这两个分区进行创建物理卷操作，命令如下：

```
[root@localhost ~]# pvcreate /dev/sdb1 /dev/sdb2
```

创建完毕后，可以查看物理卷的简单信息与详细信息，命令如下：

物理卷简单信息：

```
[root@localhost ~]#pvs
```

物理卷详细信息：

```
[root@localhost ~]#pvdisplay
```

2）创建卷组

使用刚才创建好的两个物理卷，创建名为 myvg 的卷组，命令如下：

```
[root@localhost ~]#vgcreate myvg /dev/sdb[1-2]
```

查看卷组信息（可以查看到创建的 myvg 卷组，名字为 centos 的卷组是系统卷组，因为在安装系统的时候，是使用 LVM 模式安装的），命令如下：

```
[root@localhost ~]#vgs
```

查看卷组详细信息，命令如下：

```
[root@localhost ~]#vgdisplay
```

当多个物理卷组合成一个卷组后时，LVM 会在所有的物理卷上做类似格式化的工作，将每个物理卷切成一块一块的空间，这一块一块的空间就称为 PE（Physical Extent），它的默认大小是 4 MB。由于受内核限制的原因，一个逻辑卷（Logic Volume）最多只能包含 65 536 个 PE，所以一个 PE 的大小就决定了逻辑卷的最大容量，4 MB 的 PE 决定了单个逻辑卷最大容量为 256 GB，若希望使用大于 256 GB 的逻辑卷，则创建卷组时，需要指定更大的 PE。

删除卷组，重新创建卷组，并指定 PE 大小为 16 MB，命令如下：

```
[root@localhost ~]# vgremove myvg
[root@localhost ~]# vgcreate -s 16m myvg /dev/sdb[1-2]
```

向卷组 myvg 中添加一个物理卷，在/dev/sdb 上再分一个/dev/sdb3 分区，把该分区加到卷组 myvg 中。命令如下：

```
[root@localhost ~]# lsblk
```

将创建的/dev/sdb3 添加到 myvg 卷组中，在添加的过程中，会自动将/dev/sdb3 创建为物理卷，命令如下：

```
[root@localhost ~]# vgextend myvg /dev/sdb3
[root@localhost ~]# vgs
```

3）创建逻辑卷

创建逻辑卷，名称为 mylv，大小为 5 GB。命令如下：

```
[root@localhost ~]# lvcreate -L +5G -n mylv myvg
```

-L：创建逻辑卷的大小（large）。

-n：创建的逻辑卷名称（name）。

查看逻辑卷，命令如下：

```
[root@localhost ~]# lvs
```

扫描上一步创建的 lv 逻辑卷，命令如下：

```
[root@localhost ~]# lvscan
```

使用 ext4 文件系统格式化逻辑卷 mylv，命令如下：

```
[root@localhost ~]# mkfs.ext4 /dev/mapper/myvg-mylv
```

把逻辑卷 mylv 挂载到/mnt 下并验证。命令如下：

```
[root@localhost ~]# mount /dev/mapper/myvg-mylv /mnt/
[root@localhost ~]# df -h
```

然后将创建的 LVM 卷扩容至 1 GB。

```
[root@localhost ~]# lvextend -L +1G /dev/mapper/myvg-mylv
[root@localhost ~]# lvs
[root@localhost ~]# df -h
```

可以查看到 LVM 卷的大小变成了 6 GB，但是挂载信息中没有发生变化，这时系统还识别不了新添加的磁盘文件系统，还需要对文件系统进行扩容。至此，扩容逻辑卷成功。

```
[root@localhost ~]# resize2fs /dev/mapper/myvg-mylv
resize2fs 1.42.9 (28-Dec-2013)
Filesystem at /dev/mapper/myvg-mylv is mounted on /mnt; on-line resizing required
old_desc_blocks = 1, new_desc_blocks = 1
The filesystem on /dev/mapper/myvg-mylv is now 1572864 blocks long.
[root@localhost ~]# df -h
Filesystem Size Used Avail Use% Mounted on
/dev/mapper/centos-root 18G 872M 17G 5% /
devtmpfs 1.9G 0 1.9G 0% /dev
tmpfs 1.9G 0 1.9G 0% /dev/shm
tmpfs 1.9G 8.6M 1.9G 1% /run
tmpfs 1.9G 0 1.9G 0% /sys/fs/cgroup
/dev/sda1 497M 125M 373M 25% /boot
tmpfs 378M 0 378M 0% /run/user/0
/dev/mapper/myvg-mylv 5.8G 20M 5.5G 1% /mnt
```

任务评价表

评价类型	赋分	序号	具体指标	分值	得分		
					自评	组评	师评
职业能力	55	1	理解 Linux 操作系统和 LVM 技术的基本概念与原理	15			
		2	能够正确配置和管理物理卷、卷组及逻辑卷	15			
		3	能够进行逻辑卷和文件系统的扩容与缩减	15			
		4	具备熟练的故障排查和解决问题的能力	10			
职业素养	20	1	坚持出勤，遵守纪律	5			
		2	协作互助，解决难点	5			
		3	按照标准规范操作	5			
		4	持续改进优化	5			
劳动素养	15	1	按时完成，认真填写记录	5			
		2	保持工位卫生、整洁、有序	5			
		3	小组分工合理性	5			

续表

评价类型	赋分	序号	具体指标	分值	得分		
					自评	组评	师评
思政素养	10	1	完成思政素材学习	4			
		2	LVM 技能需要不断学习和实践，不断更新自己的知识和技能	6			
总分				100			

<table>
<tr><th colspan="2">总结反思</th></tr>
<tr><td colspan="2">• 目标达成：知识　　　　　能力　　　　　素养</td></tr>
<tr><td>• 学习收获：</td><td rowspan="2">• 教师寄语：

签字：</td></tr>
<tr><td>• 问题反思：</td></tr>
</table>

❖ 本章小结

本章主要介绍了 Linux 中 LVM（Logical Volume Manager）技术的使用。LVM 是一种逻辑卷管理技术，可以使存储空间更有效地利用。通过使用 LVM，可以将物理磁盘空间划分为逻辑卷，并在它们之间进行动态调整。这使得用户可以根据需求创建、删除和管理逻辑卷，而不会影响到物理存储设备。

首先需要安装 LVM 软件包，然后创建一个新的卷组、物理卷和逻辑卷。可以使用命令 vgcreate 创建卷组，使用 pvcreate 创建物理卷，使用 lvcreate 创建逻辑卷。创建好逻辑卷后，可以使用 mkfs 命令格式化分区并挂载到文件系统。

除此之外，还介绍了如何管理和维护 LVM。可以通过 lvdisplay、lvscan、lvcreate、vgreduce、vgextend、resize2fs、xfs_growfs 等工具来管理 LVM。例如，要查看当前 LVM 的状态，可以运行 lvdisplay 命令。

总之，通过学习本章内容，用户可以掌握 LVM 的基本概念、安装配置，以及一些管理和维护操作。优秀的 LVM 管理可以大幅度提高存储空间的利用率和安全性。

❖ 理论习题

（1）什么是 LVM？它有什么优点？

（2）请简述 LVM 的基本概念。

（3）请列举一些 LVM 的管理和维护操作。

❖ 实践习题

（1）在虚拟机上创建一个新的卷组、物理卷和逻辑卷，并将逻辑卷格式化为 ext4 文件系统。

（2）创建一个新的逻辑卷并挂载到文件系统。然后扩展逻辑卷的大小并修改文件系统的大小。

（3）创建一个 LVM 快照，并从快照中恢复文件。

❖ 深度思考

1. 如何优化 LVM 的性能？有哪些需要注意的问题？

2. LVM 的快照和克隆有什么异同点？在什么情况下会使用它们？

3. 在什么情况下会选择使用 LVM 来管理存储空间？对于不同的应用场景，应该如何选择 LVM 的配置方案？

❖ 项目任务单

<table>
<tr><td>项目任务</td><td colspan="3"></td></tr>
<tr><td>小组名称</td><td></td><td>小组成员</td><td></td></tr>
<tr><td>工作时间</td><td></td><td>完成总时长</td><td></td></tr>
<tr><td colspan="4">项目任务描述</td></tr>
<tr><td colspan="4"></td></tr>
<tr><td rowspan="5">小组分工</td><td>姓名</td><td colspan="2">工作任务</td></tr>
<tr><td></td><td colspan="2"></td></tr>
<tr><td></td><td colspan="2"></td></tr>
<tr><td></td><td colspan="2"></td></tr>
<tr><td></td><td colspan="2"></td></tr>
<tr><td colspan="4">任务执行结果记录</td></tr>
<tr><td>序号</td><td>工作内容</td><td>完成情况</td><td>操作员</td></tr>
<tr><td>1</td><td></td><td></td><td></td></tr>
<tr><td>2</td><td></td><td></td><td></td></tr>
<tr><td>3</td><td></td><td></td><td></td></tr>
<tr><td>4</td><td></td><td></td><td></td></tr>
<tr><td colspan="4">任务实施过程记录</td></tr>
<tr><td colspan="4"></td></tr>
</table>

第 7 章

配置网络和使用SSH服务

❖ 知识导读

Linux 系统可以提供包括 Web、FTP、DNS、DHCP、数据库和邮箱等多种类型的服务，这些服务与网络环境息息相关，因此，网络环境的配置方法是 Linux 运维人员的必备知识。同时，管理远程主机也是管理员必须熟练掌握的内容。本章主要介绍了基于操作系统版本为 CentOS7 的虚拟机进行网络服务配置和远程控制服务配置这两部分内容。

❖ 知识目标

- ➢ 掌握虚拟机网络的三种模式及更改。
- ➢ 了解网络的配置文件。
- ➢ 掌握网络服务的配置方法。
- ➢ 掌握远程控制服务的配置方法。

❖ 技能目标

- ➢ 会更改网络模式。
- ➢ 会配置动态 IP 地址。
- ➢ 能根据需要配置静态 IP 地址。
- ➢ 能进行远程控制服务。
- ➢ 会配置 sshd 服务。
- ➢ 能根据密码验证进行远程登录。
- ➢ 能根据密钥验证进行远程登录。

❖ 思政目标

- ➢ 培养正确的网络行为习惯，提高网络安全意识和防护能力。

“课程思政”链接
融入点：远程控制服务　思政元素：爱国守法——网络行为习惯意识
通过分析真实的网络安全案例，引导学生思考和讨论，加深对网络安全的理解，培养学生正确的网络道德观念和网络安全意识，了解网络伦理和法律知识，养成正确的网络行为习惯，提高网络安全防护能力，能够将理论知识应用到实际情境中，培养团队合作和问题解决能力。
参考资料：《Web 安全：常见安全问题和攻击方式以及防范措施》视频

❖ 1+X 证书考点

1+X 云计算平台运维与开发（初级）

3. Linux 系统与服务构建运维	3.2 Linux 常用命令与工具应用	3.2.6 Linux 系统网络配置，能根据需要熟练配置服务器的 IP 地址。

7.1 配置网络服务

7.1.1 网络模式

熟悉配置网络服务

在 Linux 系统的安装过程中，已经了解到 VMware 为虚拟机提供了 3 种网络模式：桥接模式、NAT 模式和仅主机模式。在 VMware 的菜单栏选择“编辑”→“虚拟网络配置”命令，可以打开“虚拟网络编辑器”对话框，在该对话框中可查看与编辑虚拟机的网络配置信息，如图 7－1 所示。

虚拟网络编辑器

名称	类型	外部连接	主机连接	DHCP	子网地址
VMnet0	桥接模式	自动桥接	-	-	-
VMnet1	仅主机...	-	已连接	已启用	192.168.100.0
VMnet8	NAT 模式	NAT 模式	已连接	已启用	192.168.200.0

添加网络(E)... 移除网络(O) 重命名网络(W)...

VMnet 信息
◉ 桥接模式(将虚拟机直接连接到外部网络)(B)
已桥接至(G): 自动 自动设置(U)...
○ NAT 模式(与虚拟机共享主机的 IP 地址)(N) NAT 设置(S)...
○ 仅主机模式(在专用网络内连接虚拟机)(H)
☐ 将主机虚拟适配器连接到此网络(V)
主机虚拟适配器名称: VMware 网络适配器 VMnet0
☐ 使用本地 DHCP 服务将 IP 地址分配给虚拟机(D) DHCP 设置(P)...
子网 IP (I): . . . 子网掩码(M): . . .

还原默认设置(R) 导入(T)... 导出(X)... 确定 取消 应用(A) 帮助

图 7－1　虚拟网络编辑器

由图 7-1 可知，VMware 提供的桥接、NAT（网络地址转换）和仅主机 3 种网络模式对应的网卡名称分别为 VMnet0、VMnet8 和 VMnet1。下面分别对这 3 种网络模式的工作原理进行讲解。

1. 桥接模式

当虚拟机的网络处于桥接模式时，相当于这台虚拟机与物理机同时连接到一个局域网，这两台机器的 IP 地址将处于同一个网段中。以目前家庭普遍使用的宽带上网环境为例，其网络结构如图 7-2 所示。

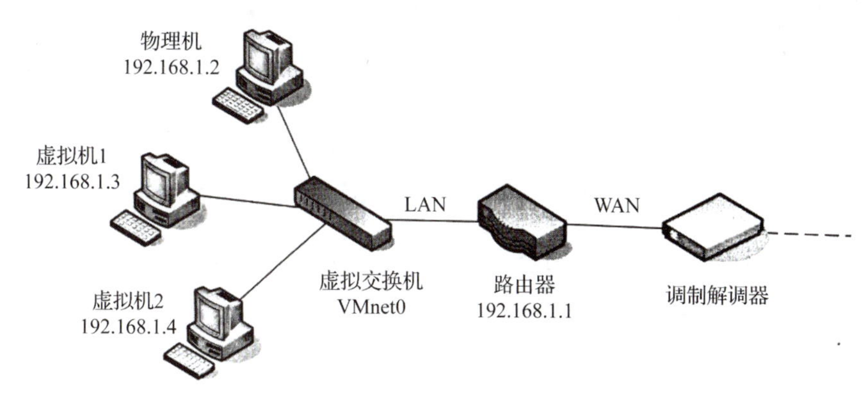

图 7-2　VMnet0 虚拟网络

图 7-2 中的两台虚拟机（VMware 支持同时运行多个虚拟机）和一台物理机同时处于一个局域网中，若路由器已经接入网络，则图中的 3 台计算机都可以访问外部网络。

2. NAT 模式

NAT 是 VMware 虚拟机中默认使用的模式，在该模式下，只要物理机可以访问网络，虚拟机就可以访问网络。其网络结构如图 7-3 所示。

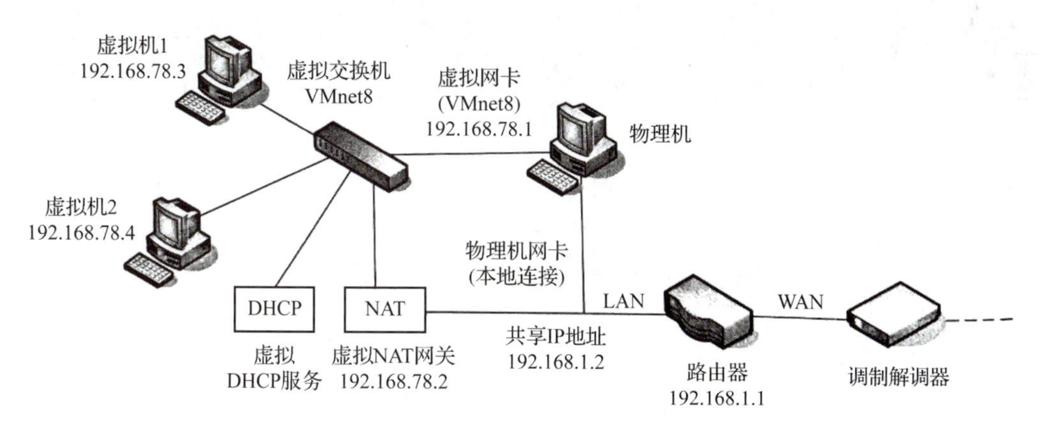

图 7-3　VMnet8 虚拟网络

图 7-3 中的物理机网卡和 VMnet8 虚拟网络中的 NAT（网络地址转换）网关共享同一个 IP 地址 192.168.1.2，因此，只要物理机联上网，虚拟机便能上网。为了让物理机和虚拟机能够直接互访，需要在物理机中增加一个虚拟网卡接入 VMnet8 虚拟交换机中。

3. 仅主机模式

仅主机模式与 NAT 模式相似，但是在该网络中没有虚拟 NAT，因此，只有物理机能上网而虚拟机无法上网，只能在 VMnet1 虚拟网内相互访问。其网络结构如图 7-4 所示。

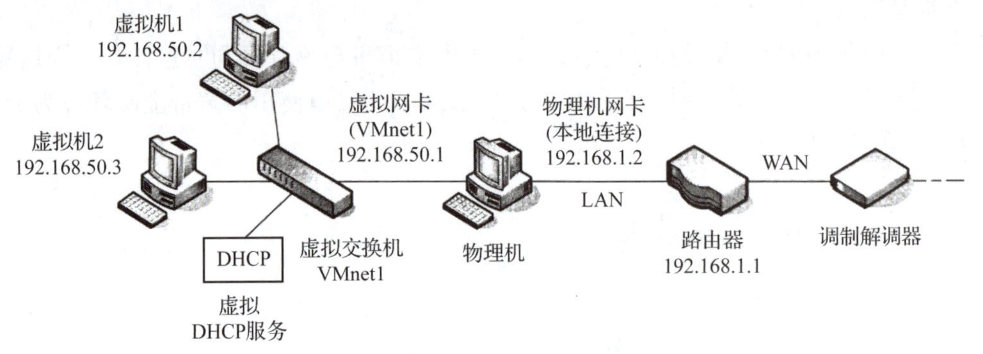

图 7-4　VMnet1 虚拟网络

VMnet8 和 VMnet1 这两种虚拟网络都需要通过虚拟网卡实现物理机和虚拟机的互访，VMware 在安装时自动为这两种虚拟网络安装了虚拟网卡。在物理机（Windows 系统）中打开命令提示符，输入命令 ipconfig 查看网卡信息，从这些信息中可以找到 VMnet8 和 VMnet1 虚拟网卡，如图 7-5 所示。

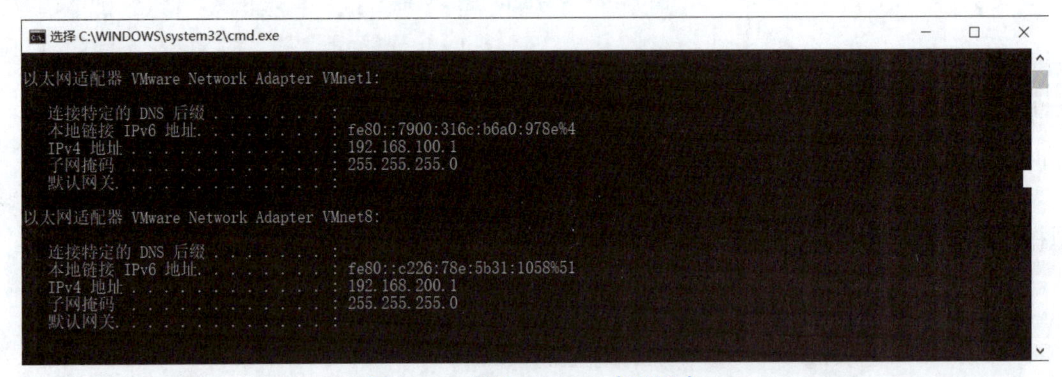

图 7-5　查看 VMware 虚拟网卡

由图 7-5 可知，VMnet1 的 IP 地址为 192.168.100.1，VMnet8 的 IP 地址为 192.168.200.1。这两个 IP 地址是 VMware 根据 VMware 虚拟网络编辑器中的子网 IP 自动生成的，如果更改了子网 IP，这两个网卡的 IP 地址会由 VMware 自动更新。

7.1.2　模式更改

在 VMware 中，桥接、NAT 和仅主机三种模式是共存的，但是一个网卡只能使用一种模式，用户可通过 VMware 的菜单栏更改网卡的网络模式。

在 VMware 菜单栏中右击一台虚拟机，选择“设置”选项，在弹出的“虚拟机设置”对话框中选择“网络适配器”，可以查看或更改虚拟机的网络模式，如图 7-6 所示。

图 7-6 所示的窗口右侧有一个“高级”按钮，单击后可以打开“网络适配器高级设置”对话框，在该对话框中可查看或更改虚拟机网卡的 MAC 地址，如图 7-7 所示。

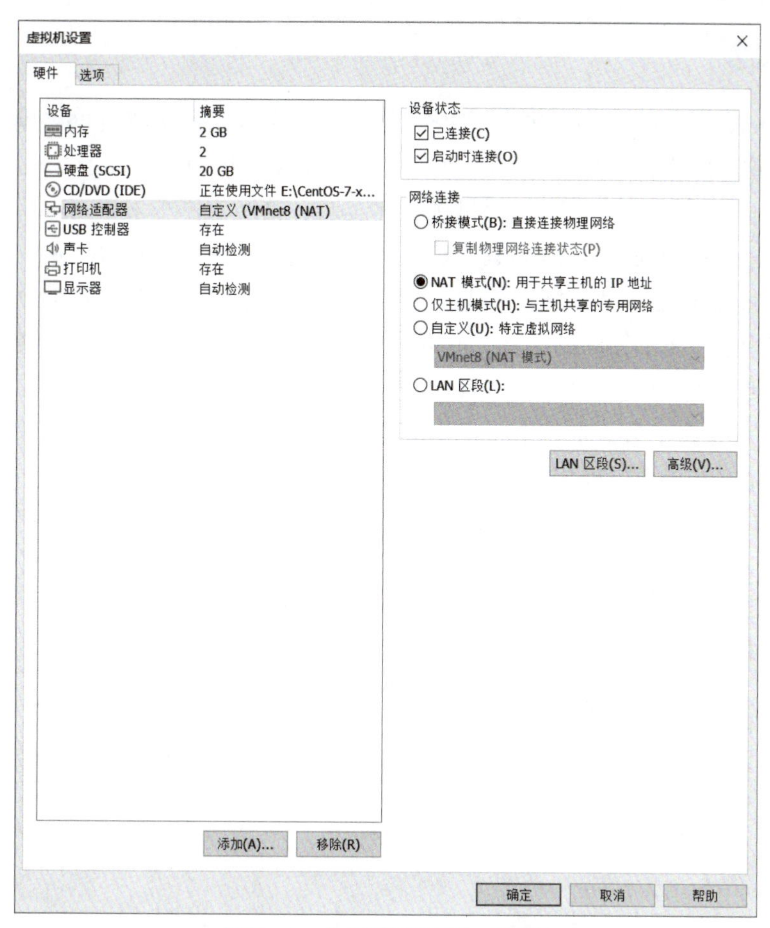

图 7－6　“虚拟机设置”对话框

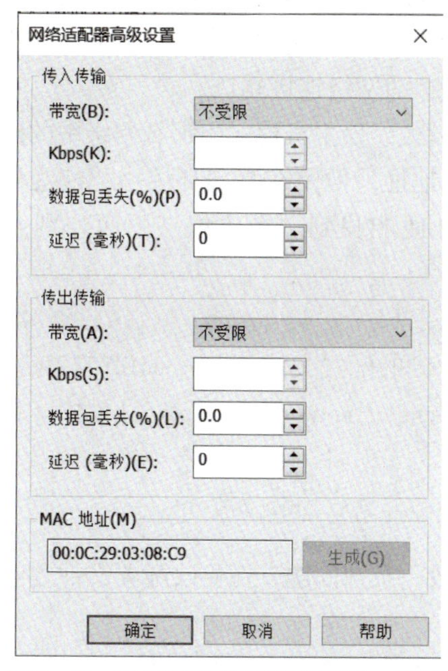

图 7－7　“网络适配器高级设置”对话框

7.1.3 网络配置

网络是 Linux 服务器必须具备的条件之一，但仅仅更改了虚拟机的网络模式，虚拟机仍然无法联网，这是因为，此时虚拟机的网卡还没有获取到 IP 地址，为此，需要给虚拟机配置网络。事实上，Linux 为配置网络提供了很多工具，其中有图形界面 network manager，也有伪图形界面 system - config - network。虽然使用这些工具来配置网络会很方便，但是由于各个发行版本的 Linux 所提供的网络配置工具很可能完全不同。并且通过命令行界面远程登录，也无法使用这些图形界面的工具。所以我们并不打算使用这些工具来配置网络，而是选择通过直接编辑相关文件来配置网络参数。

在 CentOS 虚拟机的桌面上右击，在弹出的快捷菜单中找到“打开终端”选项，单击该选项可打开一个终端设备，即用于操作 Linux 系统的“命令窗口”。在该终端中输入 ip a 命令，可查看所有的网卡信息，具体如图 7 - 8 所示。

```
[root@localhost network-scripts]# ip a
1: lo: <LOOPBACK,UP,LOWER_UP> mtu 65536 qdisc noqueue state UNKNOWN
    link/loopback 00:00:00:00:00:00 brd 00:00:00:00:00:00
    inet 127.0.0.1/8 scope host lo
       valid_lft forever preferred_lft forever
    inet6 ::1/128 scope host
       valid_lft forever preferred_lft forever
2: eno16777736: <BROADCAST,MULTICAST,UP,LOWER_UP> mtu 1500 qdisc pfifo_fast stat
e UP qlen 1000
    link/ether 00:0c:29:99:e2:fb brd ff:ff:ff:ff:ff:ff
3: virbr0: <NO-CARRIER,BROADCAST,MULTICAST,UP> mtu 1500 qdisc noqueue state DOWN

    link/ether 52:54:00:88:32:d7 brd ff:ff:ff:ff:ff:ff
    inet 192.168.122.1/24 brd 192.168.122.255 scope global virbr0
       valid_lft forever preferred_lft forever
```

图 7 - 8 查看网卡

由图 7 - 8 可知，目前系统中共有 3 个网卡：第一个网卡名为 lo，用于访问本地网络，IP 地址为 127.0.0.1（该地址称为 loopback address，即本机回送地址）；第二个网卡名为 eno16777736（不同主机上此网卡的名称可能不同），用于接入外网，该网卡默认关闭；第三个网卡名为 virbr0，是一个虚拟的网络连接端口。

若使用 VMware 的 NAT 模式或仅主机模式，那么网络中的虚拟机可以通过 DHCP（动态主机配置协议）自动获取 IP 地址。但是在真实环境中，应为所有的虚拟机配置静态 IP 地址，以确保通过一个 IP 地址便能找到一台主机。下面分别介绍如何配置动态和静态 IP 地址。

1. 配置动态 IP 地址

通过修改网卡 eno16777736 的配置文件 ifcfg - eno16777736，可以使该网卡自行启动。该网卡配置文件保存在/etc/sysconfig/network - scripts/目录中。首先切换到配置文件所在的目录：

```
[root@localhost ~]# cd /etc/sysconfig/network-scripts/
```

为防止因配置出错而导致一系列问题，在更改配置文件之前，建议先备份配置文件，具体方法如下：

```
[root@localhost network-scripts]# cp ifcfg-eno16777736 ifcfg-eno16777736.bak
```

备份完成后，打开原配置文件 ifcfg－eno16777736。

```
[root@localhost network-scripts]# vi ifcfg-eno16777736
```

修改配置文件中的部分内容，具体如图 7－9 所示。

```
TYPE="Ethernet"
BOOTPROTO="dhcp"
DEFROUTE="yes"
PEERDNS="yes"
PEERROUTES="yes"
IPV4_FAILURE_FATAL="no"
IPV6INIT="yes"
IPV6_AUTOCONF="yes"
IPV6_DEFROUTE="yes"
IPV6_PEERDNS="yes"
IPV6_PEERROUTES="yes"
IPV6_FAILURE_FATAL="no"
NAME="eno16777736"
UUID="f711f6ff-d80e-4e49-852f-e8d210d5cf9d"
DEVICE="eno16777736"
ONBOOT="yes"
```

图 7－9　修改动态 IP 配置文件

在以上配置信息中，需要着重关注的是 BOOTPROTO 和 ONBOOT。BOOTPROTO 用于设置主机获取 IP 地址的方式，若值为 dhcp，则表示动态地获取 IP；若值为 static，则表示使用手动设置静态 IP。ONBOOT 用于表示网卡的状态，当其值为 no 时，系统启动后，网卡处于关闭状态，当其值为 yes 时，系统启动后，网卡处于开启状态。此处将 ONBOOT 值修改为 yes，其他选项保持默认即可。

修改完成后，按下 Esc 键，输入“:wq”，按 Enter 键，保存修改，退出编辑器，回到终端。然后重启网络服务，使以上配置生效。之后在终端输入 ip a 命令即可再次查看网卡信息，终端显示的信息如图 7－10 所示。

```
[root@localhost network-scripts]# systemctl restart network
[root@localhost network-scripts]# ip a
1: lo: <LOOPBACK,UP,LOWER_UP> mtu 65536 qdisc noqueue state UNKNOWN
    link/loopback 00:00:00:00:00:00 brd 00:00:00:00:00:00
    inet 127.0.0.1/8 scope host lo
       valid_lft forever preferred_lft forever
    inet6 ::1/128 scope host
       valid_lft forever preferred_lft forever
2: eno16777736: <BROADCAST,MULTICAST,UP,LOWER_UP> mtu 1500 qdisc pfifo_fast stat
e UP qlen 1000
    link/ether 00:0c:29:99:e2:fb brd ff:ff:ff:ff:ff:ff
    inet 192.168.200.128/24 brd 192.168.200.255 scope global dynamic eno16777736
       valid_lft 1803sec preferred_lft 1803sec
    inet6 fe80::20c:29ff:fe99:e2fb/64 scope link
       valid_lft forever preferred_lft forever
3: virbr0: <NO-CARRIER,BROADCAST,MULTICAST,UP> mtu 1500 qdisc noqueue state DOWN

    link/ether 52:54:00:88:32:d7 brd ff:ff:ff:ff:ff:ff
    inet 192.168.122.1/24 brd 192.168.122.255 scope global virbr0
       valid_lft forever preferred_lft forever
```

图 7－10　动态 IP 地址配置结果

对比图 7－8 与图 7－10，可知网卡 eno16777736 获取到了 IP 地址 192.168.200.128，说明虚拟机已经通过 dhcp 方式动态获得到了 IP 地址。

2. 配置静态 IP 地址

静态 IP 地址需要用户手动设置，同样，通过修改 eno16777736 网卡对应的配置文件来实现。配置静态 IP 地址时，只需将配置文件 ifcfg - eno16777736 中 BOOTPROTO 项的值设置为 static，将 IPADDR 的值设置为其所在子网中正确的、无冲突的 IP 地址即可。

假设 VMware 使用 NAT 模式，子网中 IP 为 192.168.200.0，网关 IP 为 192.168.200.2，配置 192.168.200.10 为该网卡的静态 IP 地址，那么 eno16777736 的配置文件将做如图 7 - 11 所示修改。

```
TYPE="Ethernet"
BOOTPROTO="static"
DEFROUTE="yes"
PEERDNS="yes"
PEERROUTES="yes"
IPV4_FAILURE_FATAL="no"
IPV6INIT="yes"
IPV6_AUTOCONF="yes"
IPV6_DEFROUTE="yes"
IPV6_PEERDNS="yes"
IPV6_PEERROUTES="yes"
IPV6_FAILURE_FATAL="no"
NAME="eno16777736"
UUID="f711f6ff-d80e-4e49-852f-e8d210d5cf9d"
DEVICE="eno16777736"
ONBOOT="yes"
IPADDR="192.168.200.10"
NETMASK="255.255.255.0"
GATEWAY="192.168.200.2"
DNS1="114.114.114.114"
```

图 7 - 11　修改静态 IP 配置文件

以上配置将 BOOTPROTO 项修改为 static，表示使用静态方式配置 IP 地址；将 ONBOOT 修改为 yes，表示开启网卡；之后增加了 IPADDR、NETMASK、GATEWAY 和 DNS1 这 4 项，分别用于设置虚拟机的 IP 地址、子网掩码、网关地址和首选域名服务器。其中，若不设置网关，则虚拟机只能访问局域网，无法访问外部网络；若不设置 DNS，则无法解析域名。

修改配置文件并保存，在终端重启网络服务，使以上配置生效。再次使用 ip a 命令查看网卡信息，此时网卡 eno16777736 的信息如图 7 - 12 所示。

```
[root@localhost network-scripts]# systemctl restart network
[root@localhost network-scripts]# ip a
1: lo: <LOOPBACK,UP,LOWER_UP> mtu 65536 qdisc noqueue state UNKNOWN
    link/loopback 00:00:00:00:00:00 brd 00:00:00:00:00:00
    inet 127.0.0.1/8 scope host lo
       valid_lft forever preferred_lft forever
    inet6 ::1/128 scope host
       valid_lft forever preferred_lft forever
2: eno16777736: <BROADCAST,MULTICAST,UP,LOWER_UP> mtu 1500 qdisc pfifo_fast stat
e UP qlen 1000
    link/ether 00:0c:29:99:e2:fb brd ff:ff:ff:ff:ff:ff
    inet 192.168.200.10/24 brd 192.168.200.255 scope global eno16777736
       valid_lft forever preferred_lft forever
    inet6 fe80::20c:29ff:fe99:e2fb/64 scope link
       valid_lft forever preferred_lft forever
3: virbr0: <NO-CARRIER,BROADCAST,MULTICAST,UP> mtu 1500 qdisc noqueue state DOWN

    link/ether 52:54:00:88:32:d7 brd ff:ff:ff:ff:ff:ff
    inet 192.168.122.1/24 brd 192.168.122.255 scope global virbr0
       valid_lft forever preferred_lft forever
```

图 7 - 12　静态 IP 配置结果

由以上信息可知，虚拟机的 IP 地址被成功修改为 192.168.200.10。

7.1.4　访问测试

无论是使用静态方式还是动态方式配置IP地址，成功配置网络后，处于NAT模式的虚拟机都应能访问本地主机、外部网络，同时也应能被本地主机访问。Linux系统和Windows系统中都提供了ping命令用于测试网络的连通情况，根据命令执行结果，可判断虚拟机是否可以访问指定网址。

1. 虚拟机访问本地主机

处于NAT模式的虚拟机应能够与本地的Windows主机进行通信。打开Windows主机的终端，通过ipconfig命令获取Windows主机的地址，如图7－13所示。

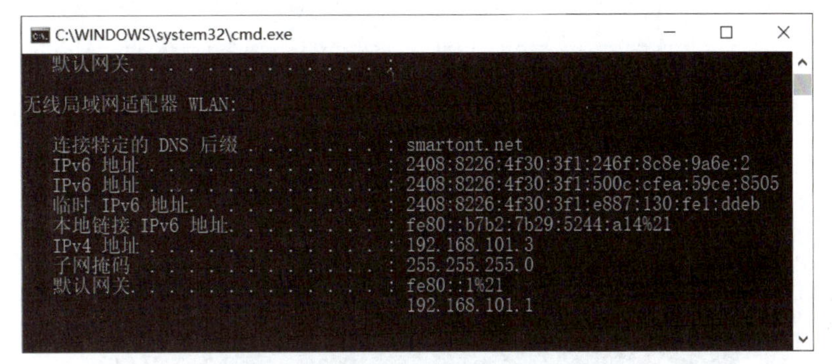

图7－13　Windows主机的IP地址

由图7－13可知，Windows主机的IP地址为192.168.101.3。在虚拟机的终端通过ping命令测试虚拟机与物理机的连通性，测试结果如下：

```
[root@localhost network-scripts]# ping -c5 192.168.101.3
PING 192.168.101.3 (192.168.101.3) 56(84) bytes of data.
64 bytes from 192.168.101.3: icmp_seq=2 ttl=128 time=0.862 ms
64 bytes from 192.168.101.3: icmp_seq=3 ttl=128 time=0.718 ms
64 bytes from 192.168.101.3: icmp_seq=4 ttl=128 time=0.813 ms
64 bytes from 192.168.101.3: icmp_seq=5 ttl=128 time=0.787 ms

--- 192.168.101.3 ping statistics ---
5 packets transmitted, 4 received, 20% packet loss, time 4012ms
rtt min/avg/max/mdev = 0.718/0.795/0.862/0.051 ms
```

由以上信息可知，虚拟机可成功获取来自物理机的消息，可正常访问本地主机。

2. 虚拟机访问外网

在终端向百度的主页发送ping请求进行测试，结果如下所示。

```
[root@localhost network-scripts]# ping -c5 www.baidu.com
PING www.a.shifen.com (110.242.68.3) 56(84) bytes of data.
64 bytes from 110.242.68.3: icmp_seq=1 ttl=128 time=34.8 ms
64 bytes from 110.242.68.3: icmp_seq=2 ttl=128 time=26.9 ms
64 bytes from 110.242.68.3: icmp_seq=3 ttl=128 time=28.6 ms
```

```
64 bytes from 110.242.68.3: icmp_seq=4 ttl=128 time=35.5 ms
64 bytes from 110. 242. 68. 3: icmp_seq=5 ttl=128 time=26.8 ms

--- www. a. shifen. com ping statistics ---
5 packets transmitted, 5 received, 0% packet loss, time 4015ms
rtt min/avg/max/mdev = 26. 876/30. 577/35. 518/3. 833 ms
```

以上信息的第3、4行均为来自百度主页的回复信息（主页 IP 地址为 110. 242. 68. 3），说明虚拟机可正常访问外网。

3. 物理机访问虚拟机

在物理机的终端使用 ping 命令测试与虚拟机的连通性，测试结果如图 7－14 所示。

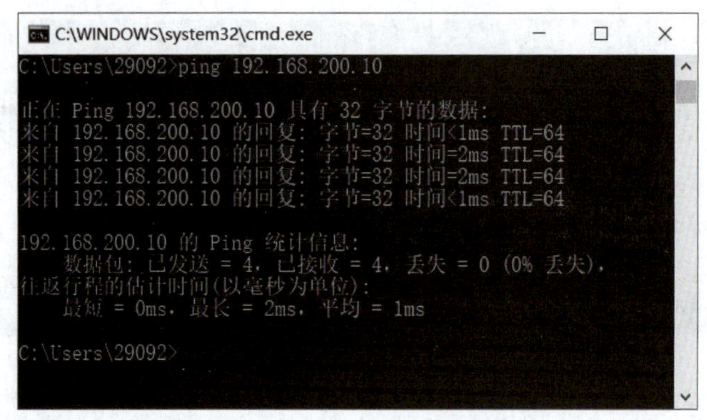

图 7－14　物理机访问虚拟机

由以上测试结果可知，物理机可正常访问虚拟机。

7.2 配置远程控制服务

熟悉配置远程控制服务

7.2.1 配置 sshd 服务

SSH（Secure shell）是一种能够以安全的方式提供远程登录的协议，也是目前远程管理 Linux 系统的首选方式。在此之前，传统的远程连接协议一般使用 FTP 或 Telnet 进行远程登录。但是因为它们以明文的形式在网络中传输账户密码和数据信息，所以很不安全，很容易受到黑客发起的中间人攻击。轻则篡改传输的数据信息，重则直接抓取服务器的账户密码。而 SSH 对所有传输的数据进行加密，利用 SSH 协议可以有效防止远程管理过程中信息泄露的问题。

想要使用 SSH 协议来远程管理 Linux 系统，则需要部署配置 sshd 服务程序。sshd 是基于 SSH 协议开发的一款远程管理服务程序，不仅使用起来方便快捷，而且提供了以下两种安全验证的方法。

- 基于口令的验证——用账户和密码来验证登录。
- 基于密钥的验证——需要在本地生成密钥对，然后把密钥对中的公钥上传至服务器，并与服务器中的公钥进行比较。此方式相较来说更安全。

正常情况下，在 CentOS 中，sshd 服务是会默认安装并启用的。可以用命令来查看这个服务是否已经被安装好了。

```
[root@localhost ~]# yum list installed |grep openssh
Repodata is over 2 weeks old. Install yum-cron? Or run: yum makecache fast
openssh.x86_64                6.6.1p1-22.el7                @anaconda
openssh-clients.x86_64        6.6.1p1-22.el7                @anaconda
openssh-server.x86_64         6.6.1p1-22.el7                @anaconda
```

可以看出已经成功安装多个软件包，其中必须要有的是 openssh 和 openssh - server，openssh 是核心文件，openssh - server 是服务器文件，它的守护进程名为 sshd。可以用命令来查看 sshd 的运行状态，可以看到该服务正在运行。

```
[root@localhost ~]# systemctl status sshd
● sshd.service - OpenSSH server daemon
   Loaded: loaded (/usr/lib/systemd/system/sshd.service; enabled; vendor
   preset: enabled)
   Active: active (running) since Mon 2023-08-28 16:36:48 CST; 1min 15s ago
     Docs: man:sshd(8)
           man:sshd_config (5)
Main PID: 1225 (sshd)
   CGroup: /system.slice/sshd.service
           └─1225 /usr/sbin/sshd -D
Aug 28 16: 36: 48 localhost systemd [1]: Started OpenSSH server daemon.
Aug 28 16: 36: 48 localhost systemd [1]: Starting OpenSSH server daemon...
Aug 28 16: 36: 48 localhost sshd [1225]: Server listening on 0.0.0.0 port 22.
Aug 28 16: 36: 48 localhost sshd [1225]: Server listening on :: port 22.
```

前文曾多次强调“Linux 系统中的一切都是文件”，因此，在 Linux 系统中修改服务程序的运行参数，实际上就是在修改程序配置文件。sshd 服务的配置信息保存在/etc/ssh/sshd_config 文件中。运维人员一般会把保存着最主要配置信息的文件称为主配置文件，而配置文件中有许多以井号（#）开头的注释行，要想让这些配置参数生效，需要在修改参数后再去掉前面的井号（#）。sshd 服务配置文件中包含的重要参数见表 7 – 1。

表 7 – 1 sshd 服务配置文件中包含的参数及其作用

参数	作用
Port 22	默认的 sshd 服务端口
ListenAddress 0.0.0.0	设定 sshd 服务监听的 IP 地址
Protocol 2	SSH 协议的版本号
HostKey/etc/ssh/ssh_host_key	SSH 协议版本为 1 时，DES 私钥存放的位置
HostKey/etc/ssh/ssh_host_rsa_key	SSH 协议版本为 2 时，RSA 私钥存放的位置

续表

参数	作用
HostKey/etc/ssh/ssh_host_dsa_key	SSH 协议版本为 2 时，DSA 私钥存放的位置
PermitRootLogin yes	设定是否允许 root 管理员直接登录
StrictModes yes	当远程用户的私钥改变时直接拒绝连接
MaxAuthTries 6	最大密码尝试次数
MaxSessions 10	最大终端数
PasswordAuthentication yes	是否允许密码验证
PermitEmptyPasswords no	是否允许空密码登录（很不安全）

7.2.2 密码验证

在本小节中，使用密码验证方式来进行远程连接。

现有计算机的情况如下：

- 计算机名为 compute1，角色为服务器，IP 为 192.168.200.10/24。
- 计算机名为 compute2，角色为客户机，IP 为 192.168.200.20/24。
- 需特别注意两台虚拟机的网络配置方式一定要一致，本例中都改为 NAT 模式。

要完成的任务是在 compute2 上远程连接到 compute1，其格式为 “ssh [参数] 主机 IP 地址”。

在 CentOS 系统中，已经默认安装并启用了 sshd 服务程序。接下来直接使用 ssh 命令在 compute2 上远程连接 compute1，在 compute2 上操作。要退出登录，则执行 exit 命令。

```
[root@compute2 ~]# ssh 192.168.200.10
  The authenticity of host '192.168.200.10(192.168.200.10)' can't be established.
ECDSA key fingerprint is SHA256:f7b2rHzLTyuvW4WHLj13SRMIwkiUN+cN9ylyDb9wUbM.
ECDSA key fingerprint is MD5:dl:69:a4:4f:a3:68:7c:f1:bd:4c:a8:b3:84:5c:50:19.
Are you sure you want to continue connecting (yes/no)? yes
Warning: Permanently added '192.168.200.10'(ECDSA) to the list of known hosts.
root@192.168.200.10's password:此处输入远程主机 root 管理员的密码
Last login: Tue Aug 29 01:11:53 2023
[root@compute1 ~]#
[root@compute1 ~]# exit
  logout
  Connection to 192.168.200.10 closed.
```

如果禁止以 root 管理员的身份远程登录到服务器，则可以大大降低被黑客暴力破解密码的概率。下面进行相应配置。

（1）在 compute1 服务器上。首先使用 vi 文本编辑器打开 sshd 服务的主配置文件，然后把第 38 行#PermitRootLogin yes 参数前的#号去掉，并把参数值 yes 改成 no，这样就不再允许 root 管理员远程登录了，保存文件并退出。

```
[root@compute1 ~]# vi /etc/ssh/sshd_config
.....
37 #LoginGraceTime 2m
38 PermitRootLogin no
39 #StrictModes yes
.....
```

（2）一般的服务程序并不会在配置文件修改之后立即获得最新的参数。如果想让新配置文件生效，则需要手动重启相应的服务程序。最好也将这个服务程序加入开机启动项中，这样系统在下一次启动时，该服务程序便会自动运行，继续为用户提供服务。

```
[root@compute1 ~]# systemctl restart sshd
[root@compute1 ~]# systemctl enable sshd
```

（3）当 root 管理员再尝试访问 sshd 服务程序时，系统会提示不可访问的错误信息。仍然在 compute2 上测试。

```
[root@compute2 ~]# ssh 192.168.200.10
The authenticity of host '192.168.200.10(192.168.200.10)' can't be established.
ECDSA key fingerprint is SHA256:f7b2rHzLTyuvW4WHLj13SRMIwkiUN + cN9ylyDb9wUbM.
ECDSA key fingerprint is MD5:dl:69:a4:4f:a3:68:7c:f1:bd:4c:a8:b3:84:5c:50:19.
Are you sure you want to continue connecting (yes/no)? yes
Warning: Permanently added '192.168.200.10'(ECDSA) to the list of known hosts.
root@192.168.200.10's password:此处输入远程主机 root 管理员的密码
Permission denied, please try again.
```

注意：为了不影响下面的实训，请将/etc/ssh/sshd_config 配置文件恢复到初始状态。

7.2.3 安全密钥验证

至此，已经实现了通过密码验证来远程联机了。但是此时的 SSH 服务器并不安全，SSH 协议是一个安全的协议，但是此安全指的是 SSH 协议传输的数据是经过加密的，因此安全。为了提高主机的安全级别，可以禁止用户使用密码验证方式登录，而使用密钥验证方式进行登录 SSH 服务器。在传输数据时，可以在传输前先使用公钥对数据进行加密处理，然后再进行传送，这样，只有掌握私钥的用户才能解密这段数据，除此之外的其他人即便截获了数据，一般也很难将其破译为明文信息。在生产环境中使用密码进行口令验证存在着被暴力破解或嗅探截获的风险。如果正确配置了密钥验证方式，那么 sshd 服务程序将更加安全。

下面使用密钥验证方式远程登录 SSH 服务器，具体配置如下：

（1）首先在客户端主机 compute2 中用 ssh - keygen -t rsa 命令建立密钥，这时提示正在生成一对 rsa 密钥，包括一个公钥和一个私钥。密钥生成完成后，可以看到生成的私钥放在 id_rsa 文件中，对应的公钥放在 id_rsa. pub 文件中。同时显示密钥的指纹，以及用于让密钥指纹更加直观的随机字符图 randomart image。

```
[root@compute2 ~]# ssh-keygen -t rsa
Generating public/private rsa key pair.
Enter file in which to save the key (/root/.ssh/id_rsa): /*按 Enter 键或设置密钥的存放路径*/
Created directory '/root/.ssh'.
Enter passphrase (empty for no passphrase): //直接按 Enter 键或者设置密钥口令
Enter same passphrase again: //再次按 Enter 键确认
Your identification has been saved in /root/.ssh/id_rsa.
Your public key has been saved in /root/.ssh/id_rsa.pub.
The key fingerprint is:
b9:33:92:d5:c5:36:f0:02:9b:74:34:29:32:9d:26:ef root@apache
The key's randomart image is:
+--[ RSA 2048]----+
|        .oo=.    |
|       +.==.=    |
|        *o.. *   |
|        .o + .   |
|        .S .     |
|        oE.      |
|        o +      |
|        . o      |
|                 |
+-----------------+
```

（2）把在客户端中生成的公钥文件传送到服务器主机中。输入 ssh-copy-id 192.168.200.10，按 Enter 键，输入远程服务器密码，传输完成。

```
[root@compute2 ~]# ssh-copy-id 192.168.200.10
/usr/bin/ssh-copy-id: INFO: attempting to log in with the new key(s), to filter out any that are already installed
/usr/bin/ssh-copy-id: INFO: 1 key(s) remain to be installed -- if you are prompted now it is to install the new keys
root@192.168.200.10's password:      //此处输入远程服务器密码

Number of key(s) added: 1

Now try logging into the machine, with:    "ssh '192.168.200.10'"
and check to make sure that only the key(s) you wanted were added.
```

（3）修改服务器 compute1 主机的 SSH 配置文件/etc/ssh/sshd_config，禁止用户以密码验证身份的方式登录，使其只允许密钥验证，拒绝传统的口令验证方式。

```
[root@compute1 ~]# vi /etc/ssh/sshd_config
.....
76 # To disable tunneled clear text passwords, change to no here!
77 #PasswordAuthentication yes
78 #PermitEmptyPasswords no
79 PasswordAuthentication no
```

```
80
81 # Change to no to disable s/key passwords
82 #ChallengeResponseAuthentication yes
83 ChallengeResponseAuthentication no
.....
[root@compute1 ~]# systemctl restart sshd
```

（4）验证。

```
[root@compute2 ~]# ssh 192.168.200.10
Last login: Tue Aug 29 05:31:47 2023
[root@compute1 ~]#
[root@compute1 ~]#  exit
  logout
  Connection to 192.168.200.10 closed.
```

此时可以看到不输入密码也能成功登录。

任务评价表

评价类型	赋分	序号	具体指标	分值	得分		
					自评	组评	师评
职业能力	55	1	网络地址配置正确	15			
		2	能成功访问外网	10			
		3	正确区分网络模式	10			
		4	能成功远程登录服务器	20			
职业素养	20	1	坚持出勤，遵守纪律	5			
		2	协作互助，解决难点	5			
		3	按照标准规范操作	5			
		4	持续改进优化	5			
劳动素养	15	1	按时完成，认真填写记录	5			
		2	保持工位卫生、整洁、有序	5			
		3	小组分工合理性	5			
思政素养	10	1	完成思政素材学习	10			
总分				100			

<table>
<tr><th colspan="2">总结反思</th></tr>
<tr><td colspan="2">• 目标达成：知识　　　　　能力　　　　　素养</td></tr>
<tr><td>• 学习收获：</td><td rowspan="2">• 教师寄语：

签字：</td></tr>
<tr><td>• 问题反思：</td></tr>
</table>

❖ 理论习题

1. VMware 提供了________、________和________3 种网络模式，这些模式对应的名称分别为 VMnet0、VMnet8 和 VMnet1。

2. 无论是 Windows 系统还是 Linux 系统，都可以通过________命令检测网络连接状态。

3. Linux 中用于网络传输的协议是________。

4. 一块网卡对应一个配置文件，配置文件位于目录________中，文件名以________开始。

5. ________是基于 SSH 协议开发的一款远程管理服务程序，不仅使用起来方便快捷，而且能够提供两种安全验证的方法：________和________，其中，________方式相较来说更安全。

6. sshd 服务的配置文件名称为________。

❖ 本章小结

本章介绍了如何对基于操作系统版本为 CentOS 7 的虚拟机进行网络服务配置和远程控制服务配置这两部分内容。详细介绍了网络的三种模式以及模式更改，通过案例讲解了如何配置动态 IP 地址和静态 IP 地址；介绍了远程控制服务 sshd 的配置，并分别讲解了通过密码验证和通过安全密钥验证登录远程服务器的两种方法。

❖ 实践习题

1. 给虚拟机配置一个静态 IP 地址，具体要求如下：IP 地址为 192.168.200.10，子网掩码为 255.255.255.0，网关为 192.168.200.2，域名为 114.114.114.114。

2. 用安全密钥验证登录的方式实现客户机（computer2:192.168.200.20/24）远程连接到服务器（computer1:192.168.200.10/24）的过程。

3. 配置 sshd 服务文件为禁止用户以密码验证的方式登录。

❖ 深度思考

1. sshd 服务的密码验证与密钥验证方式，哪个更安全？为什么？

2. 在 Linux 中有多种方法可以配置网络参数，请列举几种。

3. 三种网络模式的不同点有哪些？

4. 在配置服务的过程中，列举有哪些能力得到提升。

❖ 项目任务单

<table>
<tr><td>项目任务</td><td colspan="6"></td></tr>
<tr><td>小组名称</td><td colspan="2"></td><td>小组成员</td><td colspan="3"></td></tr>
<tr><td>工作时间</td><td colspan="2"></td><td>完成总时长</td><td colspan="3"></td></tr>
<tr><td colspan="7">项目任务描述</td></tr>
<tr><td colspan="7"></td></tr>
<tr><td rowspan="5">小组分工</td><td>姓名</td><td colspan="5">工作任务</td></tr>
<tr><td></td><td colspan="5"></td></tr>
<tr><td></td><td colspan="5"></td></tr>
<tr><td></td><td colspan="5"></td></tr>
<tr><td></td><td colspan="5"></td></tr>
<tr><td colspan="7">任务执行结果记录</td></tr>
<tr><td>序号</td><td colspan="4">工作内容</td><td>完成情况</td><td>操作员</td></tr>
<tr><td>1</td><td colspan="4"></td><td></td><td></td></tr>
<tr><td>2</td><td colspan="4"></td><td></td><td></td></tr>
<tr><td>3</td><td colspan="4"></td><td></td><td></td></tr>
<tr><td>4</td><td colspan="4"></td><td></td><td></td></tr>
<tr><td colspan="7">任务实施过程记录</td></tr>
<tr><td colspan="7"></td></tr>
</table>

第 8 章

熟练使用vi编辑器

❖ 知识导读

Linux 下的文本编辑功能越来越强大，很多公司已将它们的 Office 软件移植到 Linux 上。但是，这些软件是在 X Window 下使用的，而且不是所有的 Linux 版本都附带。因此，用户还需要学习基本的文字编辑器的用法。

在 Linux 操作系统中，vi（visual interface 的简称）是常用的编辑器，它的文本编辑功能十分强大，几乎每个 Linux 操作系统都提供了 vi。初学者可能感到使用 vi 很困难，但经过一段时间的学习和使用后，就会体会到 vi 非常易用。本章将主要介绍 vi 编辑器的启动、退出和它的三种工作模式，以及使用 vi 的常用命令。

❖ 知识目标

➢ 掌握 vi 编辑器的启动和退出方法。
➢ 掌握 vi 编辑器的工作模式。
➢ 掌握 vi 编辑器的常用命令。
➢ 熟练使用 vi。

❖ 技能目标

➢ 会在 vi 中移动光标，复制、粘贴、删除、查找及替换文本。
➢ 能打开、保存和退出 vi，并简单设定 vi 的环境。
➢ 能在 vi 中熟练编辑文本。

❖ 思政目标

➢ 培养学生的信息素养和创新能力。

“课程思政”链接
融入点：使用 vi　思政元素：德才兼备——信息素养与创新能力培养
结合思政教育的内容，探讨 vi 编辑器在思想政治教育中的应用，培养学生的信息素养和创新能力，提高学生的信息技术能力，引导学生正确处理信息、合理利用资源，提高学生的思想政治素质和社会责任感，养成一丝不苟、认真负责的职业精神及正确的职业道德，最终成为技术全面、素质过硬、德才兼备的工程技术人才。
参考资料：

❖ 1 + X 证书考点

1 + X 云计算平台运维与开发（初级）

3. Linux 系统与服务构建运维	3.2 Linux 常用命令与工具应用	3.2.7 能根据 Linux vi 文本编辑器使用需要，熟练使用 vi 文本编辑器。

8.1 初识 vi 编辑器

8.1.1 vi 是什么

初识 vi 编辑器

在 Linux 系统中，vi（visual interface 的简称）是常用的文本编辑器，它可以执行输出、删除、查找、替换、块操作等众多文本操作，而且用户可以根据自己的需要对其进行定制，这是其他编辑程序所没有的。由于 Linux 中的配置文件几乎都是用 ASCII 码编码的纯文本文件，所以，编辑文本文件大概是 Linux 系统管理员最为频繁的操作。Linux 系统中有许多种文本编辑器，图形模式下有 gedit、OpenOffice 等，文本模式下有 vi、vim，JOE、Pico 等。虽然有这么多选择，但是仍然强烈建议使用 vi 作为首选文本编辑器。其原因有二：①vi 是 Linux 下的标准编辑器。在几乎所有的 Linux 发行版本中都会预装，学会它后，随时都可以用上顺手的编辑器。②vi 功能丰富，效率极高，久经考验，在 Linux 中，所有文本编辑的问题都可以用它来解决。

大部分的 Linux 发行版本预装的都是 vi 的改进版本 vim，而不是经典的 vi。vim 向前完美兼容 vi。它的文本编辑功能十分强大，是一个全屏幕文本编辑器。当然，并不是说 vi 是一个容易学会的文本编辑器，相反，vi 对于大多数入门学习者，尤其是习惯了图形界面版本编辑器的学习者来说，十分不友好。其所有的操作都由特殊的按键或者组合键来控制，非常难记。比起 Windows 下的文本编辑器，它实在是难多了。其实这只是转移工作环境中的正常现象。经过适当的时间，会发现其实 vi 对键盘的利用非常合理。更进一步，如果使用熟练了，vi 不仅可以成为文本编辑的利器，而且对于系统管理工作都有莫大的帮助。

8.1.2 vi 编辑器的启动与退出

在系统提示符下键入 vi，或者 vi 文件名，便可启动 vi。

```
[root@localhost ~]# vi
[root@localhost ~]# vi myfile
```

如果只输入 vi，而不带文件名，则表示新建一个文件，会打开如图 8-1 所示窗口。在此窗口中，显示了一些 vim 的版本信息和基本操作提示。若键入 vi 加文件名，则表示打开一个已经存在的文件。

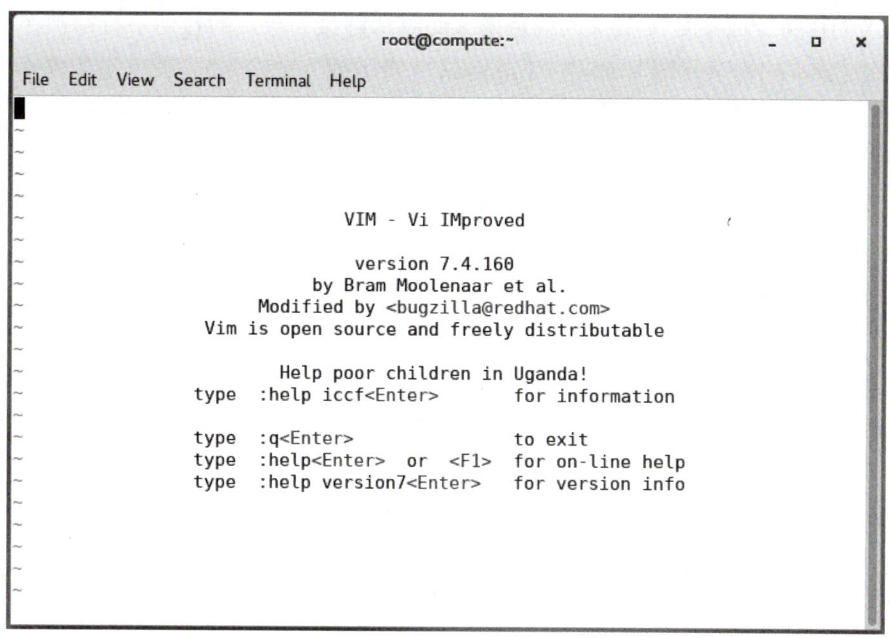

图 8－1　打开 vi 窗口

在命令模式下（初次进入 vi 不做任何操作就是命令模式），输入:q、:q!、:wq 或:x 就会退出 vi。其中，:wq 和:x 存盘退出，而:q 直接退出。如果文件已有新的变化，vi 会提示保存文件，而:q 命令也会失效，这时可以用:w 命令保存文件后再用:q 退出，或用:wq 或:x 命令退出。如果不想保存改变后的文件，就需要用:q! 命令，这个命令将不保存文件而直接退出 vi，见表 8－1。

表 8－1　vi 退出命令

命令	作用
:q	直接退出
:q!	不保存退出
:w	将编辑的数据写入硬盘文件中
:wq	保存退出
:x	保存退出，功能同:wq
:w [filename]	将编辑的数据另存为 filename 指定的文件名
:n1,n2 w [filename]	将 n1 ~ n2 的内容存储为 filename 指定的文件

8.1.3　vi 编辑器的三种工作方式

vi 是一个模式编辑器，它有三种基本模式，即命令模式、输入模式和 ex 转义模式（也称末行模式）。通过相应的命令或操作，可以在三种不同的工作模式之间互转。

1. 命令模式

当在系统提示符下输入命令 vi 进入编辑器时，就处于 vi 的命令模式。在命令模式中，

vi 等待输入动作指令而不是文本，也就是说，此时从键盘上输入的任何字符都被作为命令来解释。如 a（append）表示附加命令，i（insert）表示插入命令，yy 表示复制命令，p 表示粘贴命令等。如果输入的字符不是 vi 的合法命令，则计算机会发出报警声。在命令模式下输入的字符并不在屏幕上显示，光标不移动，例如，输入 i，屏幕上并无变化，但通过执行 i 命令，编辑器的工作方式却发生变化，由命令模式变为输入模式。

2. 输入模式

通过输入 vi 的插入命令（i）、附加命令（a）、打开命令（o）、替换命令（s）、修改命令（c）或者取代命令（r），即可从命令模式进入输入模式。

在输入模式下，可以输入文本，此时从键盘上输入的所有字符都被插入正在编辑的缓冲区中，被当作该文件的正文。进入输入模式后，输入的可见字符都会在屏幕上显示出来，而编辑命令不再起作用，仅作为普通字母出现。

在输入模式下，若想回到命令模式，只需按下键盘上的 Esc 键即可。如果已在命令模式下，那么按 Esc 键就会发出嘟嘟声，如果不能断定目前处于什么模式，则可多按几次 Esc 键，待听到系统发出蜂鸣声后，就证明已经进入命令模式。

3. ex 转义模式

在命令模式下，用户按“:”键即可进入 ex 转义模式。此时 vi 会在显示窗口的最后一行（通常也是屏幕的最后一行）显示一个“:”作为 ex 转义模式的提示符，等待用户输入命令。在该模式下，可执行如打开、保存、查找、替换等命令，多数文件管理命令都是在 ex 转义模式下执行的。例如：

```
:1,$s/I/i/g    回车
```

表示从文件第一行至文件的末尾，将大写 I 全部替换成小写 i。

转义命令执行完后，vi 会自动回到命令模式。

vi 编辑器的三种工作模式之间的转换如图 8 -2 所示。

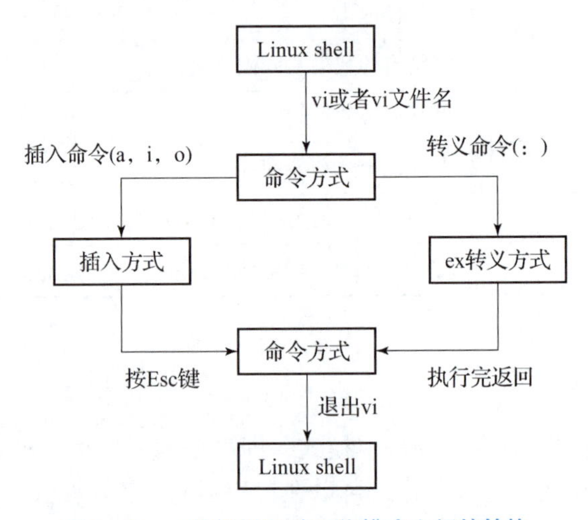

图 8 -2　vi 编辑器三种工作模式之间的转换

8.2 熟练使用 vi 编辑器

8.2.1 vi 常用命令

熟练使用 vi 编辑器

1. 移动光标

在命令模式下，用户可通过方向键或命令来移动光标。方向键是最基本的移动光标的方法，用户还可以通过使用命令来快速移动光标。常用的移动光标命令见表 8-2。

表 8-2　移动光标的命令

命令	作用
h	光标向左移动一个字符
j	光标向下移动一个字符
k	光标向上移动一个字符
l	光标向右移动一个字符
Backspace 退格键	光标向左移动一个字符
Space 空格键	光标向右移动一个字符
n + 方向键	n 为数字，向对应的方向移动 n 个字符
gg	移动到文件首行
G	移动到文件末行
nG	n 为数字，移动到该文件的第 n 行
0	数字 0，移动到当前行首
$	美元符，移动到当前行尾

2. 删除

若要对文档中的内容进行删除操作，在输入模式下，可用 Backspace 键来删除光标左侧的字符，还可用 Delete 键来删除当前字符。如果要删除一行，则只靠上面说的这两个键显示是不够的，在 vi 的命令模式下，提供了几个命令来删除一个字符、一个单词或整行。相关命令及其含义见表 8-3。

表 8-3　删除操作的命令

命令	作用
x	删除当前光标所在字符
dw	删除光标所在的单词字符

续表

命令	作用
dd	删除光标所在的整行
ndd	n 为数字，删除包括光标所在行的后面 n 行内容
d$	删除从当前光标至行尾的所有字符
u	撤销一次操作
:e!	撤销全部操作

3. 复制、剪切和粘贴

如果要在 vi 编辑器中复制或者移动大块文字，就不得不借助复制、剪切、粘贴功能了。在 vi 编辑器中，所有的删除动作都是剪切。若要复制，也需要在 vi 的命令模式下进行。对文档进行复制、粘贴操作的相关命令及对应含义见表 8－4。

表 8－4　复制与粘贴操作的命令

命令	作用
yy	复制光标当前所在行
nyy	n 为数字，复制包括光标所在行的后面 n 行内容
y$	从光标所在位置开始复制，直到当前行结尾
p	将复制的内容粘贴到光标所在位置的后面
Shift + p	将复制的内容粘贴到光标所在位置的前面

4. 查找与替换

在 vi 编辑器中，用户还可以进行查找与替换操作，相关命令及对应含义见表 8－5。

表 8－5　查找替换的命令

命令	作用
/word	向光标之下查找一个名称为 word 的字符串
? word	向光标之上查找一个名称为 word 的字符串
n	n 为英文按键，代表重复前一个查找的动作
N	N 为英文按键，与 n 恰好相反，为反向进行前一个查找动作。例如，执行/word 后，按下 N 则表示向上查找
:n1,n2 s/word1/word2/g	n1 与 n2 为数字。在第 n1～n2 行查找 word1 这个字符串，并将该字符串替换为 word2

续表

命令	作用
:1，$s/word1/word2/g	从第一行到最后一行查找word1这个串，并替换为word2
:n1，n2 s/word1/word2/gc	n1与n2为数字。在第n1到n2行查找word1这个字符串，并替换为word2，且在替换前向用户确认是否需要替换

5. 行号设置命令

在vi编辑器中打开的文本内容并未显示行号，此时若想快速定位到指定行，可以用命令先显示行号，具体命令见表8-6。

表8-6　行号设置命令

命令	作用
:set nu	设置行号
:set nonu	取消行号设置
:set all	查看所有的环境设置参数

8.2.2　使用vi

（1）在/tmp目录下新建一个名为vimtest的目录，进入/tmp/vimtest这个目录。

```
[root@localhost ~]# mkdir /tmp/vimtest
[root@localhost ~]# cd /tmp/vimtest/
[root@localhost vimtest]#
```

（2）将/etc/man_db.config文件复制到上述目录中，使用vi命令打开这个文本文件。

```
[root@localhost vimtest]# cp /etc/man_db.conf .
[root@localhost vimtest]# vi man_db.conf
```

（3）在vi中设定行号。

输入：set nu并回车，此时会看到文档左侧出现数字即为行号，如图8-3所示。

（4）将光标移动到第58行行首，再向右移动3个字符，移动到第8行的行尾，再向左移动3列，最后移动到文件的末行。

用两个gg移动到首行行首，再用57j移动到第58行行首，也可以使用58G直接移动到第58行行首。用3l向右移动3个字符，用8G移动到第8行，用$移动到本行行尾，用3h向左移动3列，用G移动到文件末行。

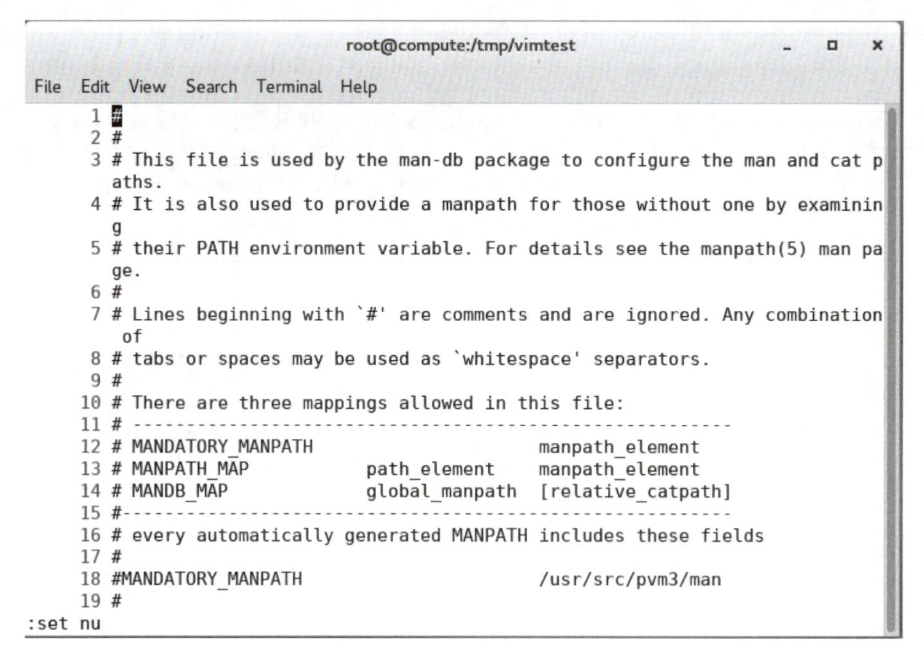

图 8-3 设置行号

（5）移动到第一行行首，并且向下搜寻“man”这个字符串。

用 gg 移动到首行行首，输入/man 并按 Enter 键，即可以从光标处开始向下查找 man 字符串。用 n 和 N 来遍历所有的 man 字符串，n 表示继续向下查找下一个 man 字符串，N 则表示反向查找下一个 man 字符串。

（6）将第 50～100 行之间的 man 替换为 MAN，并由用户一个一个确认是否需要替换。

输入：50，100s/man/MAN/gc 并回车，即可逐一确认并替换掉所需修改。

（7）复制第 51～60 行这 10 行内容，并且粘贴到最后一行之后。

用 51G 来到文本的第 51 行，再用 10yy 复制第 51～60 行，用 G 来到文件的最后一行，再用 p 进行粘贴。

（8）删除第 29 行行首的 15 个字符，然后再删除第 11～30 行之间的 20 行。

用 29G 来到文本的第 29 行，再用 15x 删除 15 个字符。然后用 11G 来到文本的第 11 行，再用 20dd 删除第 11～30 行。

（9）撤销前面所有的修改。

输入：e！即可撤销全部操作。

（10）将 man_db. conf 这个文件另存为一个名为 man. conf. bak 的文件。

输入：w man. conf. bak 可将 man_ db. conf 文件另存为 man. conf. bak。

（11）在最后一行后插入当前目录下 test. txt 文件的内容。

输入：r. /test. txt 即可将 test. txt 文件插入到当前文件末尾。

（12）同时打开 man_db. conf 和 man. conf. bak 这两个文件。

```
[root@localhost ~]# vi man_db.conf man.conf.bak
```

可同时打开这两个文件。用:n 命令可以切换到打开的下一个文件，用:N 命令可切换回打开的前一个文件。

任务评价表

评价类型	赋分	序号	具体指标	分值	得分		
					自评	组评	师评
职业能力	55	1	对 vi 编辑器理解正确	10			
		2	基本操作使用熟练	15			
		3	常用命令操作正确	15			
		4	作业完成情况良好	15			
职业素养	20	1	坚持出勤，遵守纪律	5			
		2	协作互助，解决难点	5			
		3	按照标准规范操作	5			
		4	持续改进优化	5			
劳动素养	15	1	按时完成，认真填写记录	5			
		2	保持工位卫生、整洁、有序	5			
		3	小组分工合理性	5			
思政素养	10	1	完成思政素材学习	10			
总分				100			

总结反思	
• 目标达成：知识　　　　能力　　　　素养	
• 学习收获：	• 教师寄语：
• 问题反思：	签字：

❖ 本章小结

本章主要对 vi 文本编辑器进行了介绍。主要学习了 vi 是什么，以及它的启动、退出和工作模式之间的相互转换。学习了在 vi 编辑器中使用到的一些常用命令及其操作，使用户对 vi 处理文本文件有了进一步的了解。

❖ 理论习题

1. 怎样启动和退出 vi 编辑器？
2. vi 编辑器的工作模式有哪些？相互间如何切换？
3. 在 vi 编辑器中，将光标上、下、左、右移动的方式有哪些？
4. 怎样在 vi 编辑器中复制一行文字并粘贴到另一个位置？
5. 怎样将编辑文件中所有的 s1 字符串替换为 s2 字符串？

❖ 实践习题

1. 在/tmp 目录下建立一个名为 mytest 的目录，进入 mytest 目录当中。
2. 将/etc/man_db. conf 复制到上述目录下面，使用 vi 打开目录下的 man_db. conf 文件。
3. 在 vi 中设定行号，移动到第 58 行，向右移动 15 个字符，请问你看到的该行前面 15 个字母组合是什么？
4. 移动到第一行，并且向下查找“gzip”字符串，请问它在第几行？
5. 将第 50 ~ 100 行的 man 字符串改为大写 MAN 字符串，并且逐个询问是否需要修改，如何操作？如果在筛选过程中一直按“y”键，会在最后一行出现改变了多少个 man 的说明，请回答一共替换了多少个 man。
6. 修改完之后，突然反悔了，要全部复原，有哪些方法？
7. 复制第 65 ~ 73 行的内容，并且粘贴到最后一行之后。
8. 删除第 23 ~ 28 行的开头为#符号的批注数据，如何操作？
9. 将这个文件另存成一个 man. test. config 的文件。
10. 到第 27 行删除 8 个字符，结果出现的第一个单词是什么？在第一行新增一行，该行内容输入“I am a student…”，存盘后离开。

❖ 深度思考

1. vi 编辑器的配置文件是什么？
2. 怎样设定 vi 编辑器的环境？

❖ 项目任务单

<table>
<tr><td>项目任务</td><td colspan="6"></td></tr>
<tr><td>小组名称</td><td colspan="2"></td><td>小组成员</td><td colspan="3"></td></tr>
<tr><td>工作时间</td><td colspan="2"></td><td>完成总时长</td><td colspan="3"></td></tr>
<tr><td colspan="7">项目任务描述</td></tr>
<tr><td colspan="7"></td></tr>
<tr><td rowspan="5">小组分工</td><td>姓名</td><td colspan="5">工作任务</td></tr>
<tr><td></td><td colspan="5"></td></tr>
<tr><td></td><td colspan="5"></td></tr>
<tr><td></td><td colspan="5"></td></tr>
<tr><td></td><td colspan="5"></td></tr>
<tr><td colspan="7">任务执行结果记录</td></tr>
<tr><td>序号</td><td colspan="4">工作内容</td><td>完成情况</td><td>操作员</td></tr>
<tr><td>1</td><td colspan="4"></td><td></td><td></td></tr>
<tr><td>2</td><td colspan="4"></td><td></td><td></td></tr>
<tr><td>3</td><td colspan="4"></td><td></td><td></td></tr>
<tr><td>4</td><td colspan="4"></td><td></td><td></td></tr>
<tr><td colspan="7">任务实施过程记录</td></tr>
<tr><td colspan="7"></td></tr>
</table>

第 9 章

配置与管理NFS服务

❖ 知识导读

NFS 是一种常用的网络文件共享协议，它使多台计算机能够通过网络访问和共享文件，极大地简化了文件共享和协作的过程。在本章中，将重点关注以下内容：首先，将介绍 NFS 的基本概念和工作原理。你将了解 NFS 是如何在客户端和服务器之间进行通信和数据传输的，以及它的优势和适用场景。其次，将学习如何在 NFS 服务器端进行配置。你将了解如何设置共享目录、控制访问权限以及配置导出选项。通过正确的配置，你可以确保只有授权的客户端能够访问共享的文件系统，并保护数据的安全性。通过学习，你将掌握配置和管理 NFS 所需的基本知识和技能。无论你是一个系统管理员还是一个网络工程师，掌握 NFS 的配置和管理将使你能够更好地维护共享文件系统的环境。

❖ 知识目标

- ➢ 了解 NFS 服务相关知识。
- ➢ 掌握 NFS 服务器和客户端的安装方法。
- ➢ 掌握 NFS 服务器的配置方法。

❖ 技能目标

- ➢ 会安装 NFS 服务器。
- ➢ 能根据需要配置 NFS 服务器和客户端。
- ➢ 会验证 NFS 服务。

❖ 思政目标

- ➢ 培养学生的信息安全意识和公平意识。

“课程思政”链接
融入点：信息安全和公平　思政元素：公平公正——资源分配和共享的公平合理意识
培养学生的信息安全意识：在配置和管理 NFS 服务时，必须重视数据的安全性。要采取措施限制访问权限，确保只有授权的用户才能访问共享文件。此外，还要加密数据传输，防止数据在传输过程中被窃取或篡改，保障用户和组织的信息安全。 培养学生的公平意识：在配置和管理 NFS 服务时，要坚持公平原则，保证资源的公平分配和共享。不偏袒某个特定用户或组织，而是根据需求和权限进行合理分配，确保每个用户都能够享受到公平的数据共享服务。

❖ 1+X 证书考点

1+X 云计算平台运维与开发职业技能等级要求（中级）

配置与管理 NFS 服务	9.1 安装与配置 NFS 服务 9.2 配置 NFS 服务	1. 安装 NFS 服务。 2. 配置 NFS 服务。

9.1 安装与配置 NFS 服务

9.1.1 知识准备

安装与配置 NFS 服务

1. NFS 概念

NFS 网络文件系统提供了一种在类 UNIX 系统上共享文件的方法。目前 NFS 有 3 个版本：NFSv2、NFSv3、NFSv4。

CentOS 7 默认使用 NFSv4 提供服务，优点是提供了有状态的连接，更容易追踪连接状态，增强安全性。

NFS 监听在 TCP 2049 端口上。客户端通过挂载的方式将 NFS 服务器端共享的数据目录挂载到本地目录下。在客户端看来，使用 NFS 的远端文件就像是在使用本地文件一样，只要具有相应的权限，就可以使用各种文件操作命令（如 cp、cd、mv 和 rm 等），对共享的文件进行相应的操作。

Linux 操作系统既可以作为 NFS 服务器，也可以作为 NFS 客户，这就意味着它可以把文件系统共享给其他系统，也可以挂载从其他系统上共享的文件系统。NFS 挂载结构图如图 9-1 所示。

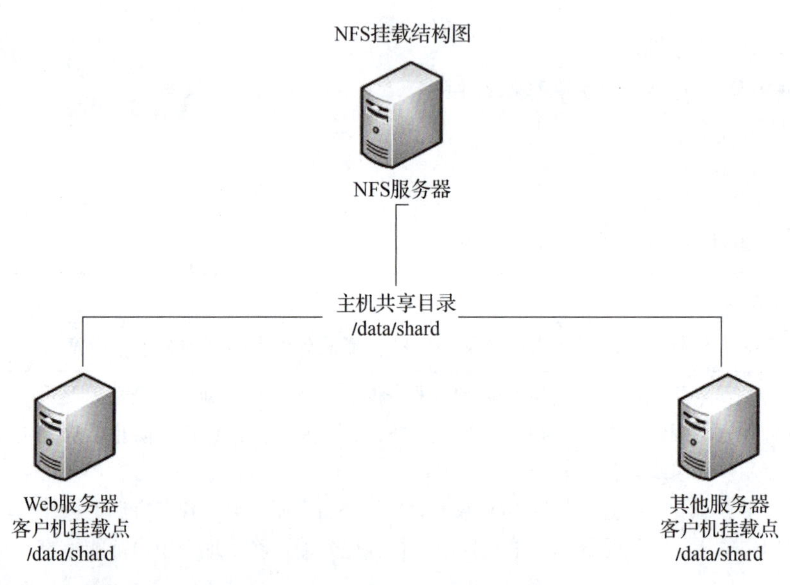

图 9-1 NFS 挂载结构图

为什么需要安装 NFS 服务？当服务器访问流量过大时，需要多台服务器进行分流，而这多台服务器可以使用 NFS 服务进行共享。NFS 除了可以实现基本的文件系统共享之外，还可以结合远程网络启动，实现无盘工作站（PXE 启动系统，所有数据均在服务器的磁盘阵列上）或瘦客户工作站（本地自动系统）。NFS 应用场景多为高可用文件共享，多台服务器共享同样的数据，但是它的可扩展性比较差，本身高可用方案不完善。取而代之，数据量比较大的可以采用 MFS、TFS、HDFS 等分布式文件系统。

2. NFS 组成

两台计算机需要通过网络建立连接时，双方主机就一定需要提供一些基本信息，如 IP 地址、服务端口号等。

当有 100 台客户端需要访问某台服务器时，服务器就需要记住这些客户端的 IP 地址以及相应的端口号等信息，而这些信息是需要程序来管理的。

在 Linux 中，这样的信息可以由某个特定服务自己来管理，也可以委托给 RPC 来帮助自己管理。RPC 是远程过程调用协议，RPC 协议为远程通信程序管理通信双方所需的基本信息，这样，NFS 服务就可以专注于如何共享数据。至于通信的连接以及连接的基本信息，则全权委托给 RPC 管理。

因此，NFS 组件由与 NFS 相关的内核模块、NFS 用户空间工具和 RPC 相关服务组成。NFS 的工作原理如图 9－2 所示。

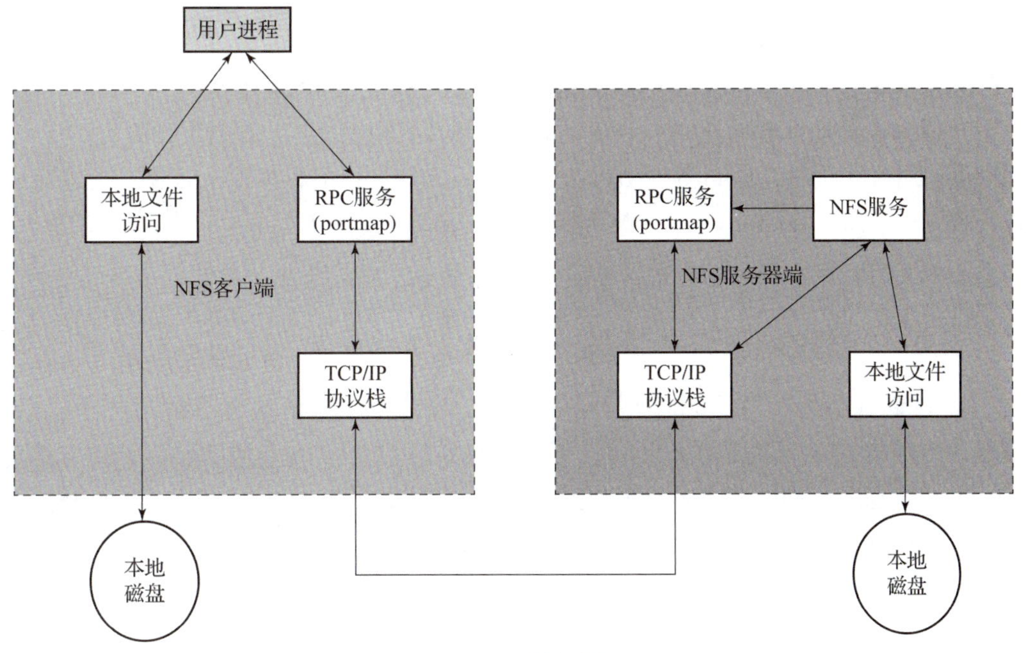

图 9－2　NFS 的工作原理

9.1.2　案例目标

（1）掌握 NFS 服务的安装。

（2）掌握 NFS 服务的使用。

9.1.3 案例描述

在 IP 地址为 192.168.200.10 的虚拟机中，搭建 NFS 服务器。

9.1.4 案例分析

1. 规划节点

Linux 操作系统的单节点规划见表 9-1。

表 9-1 单节点规划

IP	主机名	节点
192.168.200.10	nfs-server	NFS 服务器节点

2. 基础准备

使用本地 PC 环境的 VMware Workstation 软件进行实操练习，镜像使用提供的 CentOS 7，yum 源采用本地 yum 源。虚拟机配置为 1 核/2 GB 内存/20 GB 硬盘。

9.1.5 案例实施

1. 安装 NFS 服务

NFS 主要有 2 个 RPM 包：

（1）nfs-utils：包含 NFS 服务器端守护进程和 NFS 客户端相关工具。

（2）rpcbind：提供 RPC 的端口映射的守护进程及其相关文档、执行文件等。

提供使用 CentOS-7-x86_64-DVD-2009.iso 文件自行配置本地 yum 源，配置完成后进行安装，命令如下：

```
[root@nfs-server ~]#yum install -y nfs-utils rpcbind
```

2. 使用如下命令启动 NFS 的相关服务，并配置开机启动

```
[root@nfs-server ~]# systemctl start rpcbind
[root@nfs-server ~]# systemctl start nfs
[root@nfs-server ~]# systemctl enable rpcbind
[root@nfs-server ~]# systemctl enable nfs-server
```

9.2 项目实训：配置 NFS 服务

9.2.1 知识准备

NFS 服务的主配置为 exports，在目录/etc 下，默认情况下，该文件是空白的。配置文件的参数说明如下：

rw：此参数用于指定共享目录的访问权限为读写（read－write）。

ro：此参数用于指定共享目录的访问权限为只读（read－only）。

sync：此参数用于指定共享目录的同步模式，即将数据同步到磁盘。

这些是NFS主配置文件中常用的一些参数，根据实际需求和安全要求，可以根据需要进行配置和调整。

项目实训：配置NFS服务

9.2.2　案例目标

（1）掌握NFS服务器的配置方法。

（2）掌握NFS客户端的配置方法。

（3）掌握NFS服务的验证方法。

9.2.3　案例描述

在IP地址为192.168.200.10的NFS服务器中进行如下设置：

◆ 指定/mnt/test为共享目录。

◆ 指定共享目录的访问权限为读写。

◆ 指定共享目录的同步模式，即将数据同步到磁盘。

◆ NFS客户端连接服务端时，如果使用的是root，那么对服务端共享的目录来说，也拥有root权限。

◆ 指定匿名用户的UID为501。

◆ 指定匿名用户的GID为501。

9.2.4　案例分析

1. 规划节点

Linux操作系统的节点规划见表9－2。

表9－2　节点规划

IP	主机名	节点
192.168.200.10	nfs－server	服务器节点
192.168.200.20	nfs－client	客户端节点

2. 基础准备

使用第9.1节安装好NFS服务器的虚拟机进行实操练习。

9.2.5　案例实施

1. 基础配置

修改两个节点的主机名，第一台机器为nfs－server，第二台机器为nfs－client。

（1）nfs－server节点：

```
[root@nfs-server ~]# hostnamectl set-hostname nfs-server
[root@nfs-server ~]# hostnamectl
Static hostname: nfs-server
Icon name: computer-vm
Chassis: vm
Machine ID: 1d0a70113a074d488dc3b581178a59b8
Boot ID: 7285608fd50c4da886e94c6a33873ed9
Virtualization: vmware
Operating System: CentOS Linux 7 (Core)
CPE OS Name: cpe:/o:centos:centos:7
Kernel: Linux 3.10.0-327.el7.x86_64
Architecture: x86-64
```

（2）nfs-client 节点：

```
[root@nfs-client ~]# hostnamectl set-hostname nfs-client
[root@nfs-client ~]# hostnamectl
Static hostname: nfs-client
Icon name: computer-vm
Chassis: vm
Machine ID: 06c97bdf0e6c4a89898aa7d58c6be2cc
Boot ID: f07cf0f9d31e4b2185de0f8db7dd456b
Virtualization: vmware
Operating System: CentOS Linux 7 (Core)
CPE OS Name: cpe:/o:centos:centos:7
Kernel: Linux 3.10.0-327.el7.x86_64
Architecture: x86-64
```

2. 安装 NFS 服务

nfs-server 节点和 nfs-client 节点已经配置了 yum 源。两个节点安装 NFS 服务，注意：安装 NFS 服务必须要依赖 RPC，所以，运行 NFS 就必须要安装 RPC。命令如下：

（1）nfs-server 节点：上一节已安装，这里不需要再安装。

（2）nfs-client 节点：

```
[root@nfs-client ~]#mout /dev/cdrom /opt/centos
[root@nfs-client ~]# yum -y install nfs-utils rpcbind
```

3. NFS 服务使用测试

（1）在 nfs-server 节点创建一个用于共享的目录，命令如下：

```
[root@nfs-server ~]# mkdir /mnt/test
```

（2）编辑 NFS 服务的配置文件/etc/exports，在配置文件中加入一行代码，命令如下：

```
[root@nfs-server ~]# vi /etc/exports
/mnt/test 192.168.200.0/24(rw,no_root_squash,no_all_squash,sync,anonuid=
501,anongid=501)
```

（3）生效配置，命令如下：

```
[root@nfs-server ~]# exportfs -r
```

（4）nfs-server 端启动 NFS 服务，命令如下：

```
[root@nfs-server ~]# systemctl start rpcbind
[root@nfs-server ~]# systemctl start nfs
```

（5）nfs-server 端查看可挂载目录，命令如下：

```
[root@nfs-server ~]# systemctl start rpcbind
[root@nfs-server ~]# systemctl start nfs
```

（6）nfs-server 端查看可挂载目录，命令如下：

```
[root@nfs-server ~]# showmount -e 192.168.200.10
Export list for 192.168.200.10:
/mnt/test 192.168.200.0/24
```

（7）转到 nfs-client 端，在客户端挂载前，先要将服务器的 SELinux 服务和防火墙服务关闭，命令如下：

```
[root@nfs-client ~]# setenforce 0
[root@nfs-client ~]# systemctl stop firewalld
```

（8）在 nfs-client 节点进行 NFS 共享目录的挂载，命令如下：

```
[root@nfs-client ~]# mount -t nfs 192.168.200.10:/mnt/test /mnt/
```

（9）查看挂载情况，命令如下：

```
[root@nfs-client ~]# df -h
FilesystemSize Used Avail Use% Mounted on
192.168.200.10:/mnt/test 5.8G 20M 5.5G 1% /mnt
```

4. 验证 NFS 共享存储

```
[root@nfs-client ~]# cd /mnt/
[root@nfs-client mnt]# ll  total 0
[root@nfs-client mnt]# touch abc.txt
[root@nfs-client mnt]# md5sum abc.txt d41d8cd98f00b204e9800998ecf8427e abc.txt
```

回到 nfs-server 节点进行验证，命令如下：

```
[root@nfs-server ~]# cd /mnt/test/
[root@nfs-server test]# ll
total 0
```

```
-rw-r--r--.1 root root 0 Oct 30 07:18 abc.txt
[root@nfs-server test]# md5sum abc.txt d41d8cd98f00b204e9800998ecf8427e abc.txt
```

任务评价表

评价类型	赋分	序号	具体指标	分值	得分		
					自评	组评	师评
职业能力	55	1	了解 NFS 服务相关知识	15			
		2	掌握 NFS 服务器和客户端的安装方法	15			
		3	掌握 NFS 服务器的配置方法	15			
		4	会验证 NFS 服务	10			
职业素养	20	1	坚持出勤，遵守纪律	5			
		2	协作互助，解决难点	5			
		3	按照标准规范操作	5			
		4	持续改进优化	5			
劳动素养	15	1	按时完成，认真填写记录	5			
		2	保持工位卫生、整洁、有序	5			
		3	小组分工合理性	5			
思政素养	10	1	完成思政素材学习	4			
		2	NFS 技能需要不断学习和实践，不断更新自己的知识和技能	6			
总分				100			

总结反思	
• 目标达成：知识　　　　能力　　　　素养	
• 学习收获：	• 教师寄语：
• 问题反思：	签字：

❖ 本章小结

本章主要叙述了 NFS 的概念、工作原理，然后介绍了 NFS 服务器的安装和主配置文件的设置，介绍了如何配置 NFS 服务器以共享文件系统，并且说明了如何在客户端上挂载 NFS 共享，并在服务器端和客户端进行了验证。

❖ 理论习题

1. ________即网络文件系统，它可以通过网络，让不同的机器、不同的操作系统共享彼此的文件。
2. NFS 服务器上的共享目录可以通过________文件进行配置。
3. 在 NFS 客户端上，可以使用________命令将 NFS 共享目录挂载到本地文件系统上。
4. NFS 协议默认使用的端口是________。
5. 在 NFS 环境中，可以使用________命令来列出 NFS 服务器上的共享目录。

❖ 实践习题

创建 NFS 服务器和客户端，并完成以下设置：

（1）设置/mnt/testnfs 为共享目录。

（2）设置共享目录的访问权限为读写。

（3）设置 NFS 客户端连接服务端时，如果使用的是 root，那么对服务端共享的目录来说，也拥有 root 权限。

（4）指定匿名用户的 UID 为 520。

（5）指定匿名用户的 GID 为 20。

❖ 深度思考

1. NFS 是一个非常方便的文件共享协议，在实际应用中，如何确保数据的安全性和完整性？你会采取哪些措施来保护 NFS 共享数据免受未经授权的访问和篡改？
2. NFS 在网络环境中的性能如何在大规模部署的情况下，NFS 可能会面临哪些性能“瓶颈”？你会如何优化 NFS 的性能，以满足高负载的需求？

❖ 项目任务单

<table>
<tr><td>项目任务</td><td colspan="3"></td></tr>
<tr><td>小组名称</td><td></td><td>小组成员</td><td></td></tr>
<tr><td>工作时间</td><td></td><td>完成总时长</td><td></td></tr>
<tr><td colspan="4">项目任务描述</td></tr>
<tr><td colspan="4"></td></tr>
<tr><td rowspan="5">小组分工</td><td>姓名</td><td colspan="2">工作任务</td></tr>
<tr><td></td><td colspan="2"></td></tr>
<tr><td></td><td colspan="2"></td></tr>
<tr><td></td><td colspan="2"></td></tr>
<tr><td></td><td colspan="2"></td></tr>
<tr><td colspan="4">任务执行结果记录</td></tr>
<tr><td>序号</td><td>工作内容</td><td>完成情况</td><td>操作员</td></tr>
<tr><td>1</td><td></td><td></td><td></td></tr>
<tr><td>2</td><td></td><td></td><td></td></tr>
<tr><td>3</td><td></td><td></td><td></td></tr>
<tr><td>4</td><td></td><td></td><td></td></tr>
<tr><td colspan="4">任务实施过程记录</td></tr>
<tr><td colspan="4"></td></tr>
</table>

第 10 章

配置与管理Samba服务

❖ 知识导读

在如今的数字化时代，文件共享和网络打印已经成为工作和学习中不可或缺的一部分。Samba 是一个功能强大的开源软件套件，它的出现为我们提供了一个跨平台的解决方案，使得不同操作系统之间的文件共享变得更加便捷和高效。无论是在家庭网络环境中的文件共享还是在企业网络环境中的资源共享，Samba 服务都扮演着重要的角色。

❖ 知识目标

➢ 了解 Samba 服务的相关知识。
➢ 掌握 Samba 服务器的安装。
➢ 掌握 Samba 服务器的配置方法。

❖ 技能目标

➢ 会安装 Samba 服务器。
➢ 能根据需要对 Samba 服务器的主配置文件进行修改。
➢ 会使用 Samba 提供的工具和命令管理与监控 Samba 服务。

❖ 思政目标

➢ 培养学生的问题解决意识和自主学习意识。

“课程思政”链接
融入点：Samba 服务器的配置问题　思政元素：自主学习——问题解决意识和自主学习意识
在介绍 Samba 服务器配置内容时，专题嵌入 Samba 服务器配置问题解决方法：在解决 Samba 服务器配置中可能出现的问题时，学生需要具备自主学习意识，这意味着他们应该拥有主动学习的态度和能力，能够理解问题的本质并积极寻求解决方案。他们应该主动查找相关资料，包括官方文档、在线教程、参考书籍等，以获取更深入的理解和解决问题所需的知识。此外，借助网络资源和参与社区讨论也是解决问题的有效途径，通过与其他人分享经验和交流观点，学生可以扩展自己的视野并获得新的解决方案。

在培养自主学习的能力方面，学生还应该灵活运用各种学习方法和工具。这包括但不限于利用在线教育平台、观看教学视频、参加网络研讨会等。通过多样化的学习方式，学生可以更全面地理解问题，并找到最适合自己的解决方案。

最重要的是，学生需要积极、主动地解决问题并不断提升自己的技能水平。这意味着他们不仅要解决眼前的问题，还要对所学知识进行总结和归纳，不断积累经验并提升解决问题的能力。只有通过不断地学习和实践，学生才能在未来面对更加复杂的挑战时游刃有余。

❖ 1 + X 证书考点

1 + X 云计算平台运维与开发职业技能等级要求（中级）

配置与管理 Samba 服务	10.1　安装与配置 Samba 服务	1. 制作 yum 源。

10.1　安装与配置 Samba 服务

10.1.1　知识准备

安装与配置 Samba 服务

1. SMB 协议

SMB（Server Message Block）通信协议可以看作局域网上共享文件和打印机的一种协议，它是 Microsoft 网络的通信协议，使用 Samba 不但能与局域网主机共享资源，也能与全世界的计算机共享资源，因为互联网上千千万万的主机所使用的通信协议就是 TCP/IP。SMB 是在会话层和表示层以及小部分应用层的协议，SMB 使用了 NetBIOS 的应用程序接口 API。另外，它是一个开放性的协议，允许协议扩展。

Samba 采用客户机/服务器模式，可以在 Linux 中架设 Samba 服务器，实现 Windows 客户机对 Linux 服务器的访问。例如，访问 Smaba 服务器上的文件和打印机等。

2. Samba 的工作原理

Samba 服务功能强大，这与其通信基于 SMB 协议有关。SMB 不仅提供目录和打印机共享，还支持认证、权限设置。SMB 可以直接运行于 TCP/IP 上，使用 TCP 的 445 端口。当客户端访问服务器时，信息通过 SMB 协议进行传输，其工作过程可以分成 4 个步骤。

（1）协议协商：客户端在访问 Samba 服务器时，发送 negprot 指令数据包，告知目标计算机其支持的 SMB 类型，Samba 服务器根据客户端情况，选择最优的 SMB 类型并作出回应。

（2）建立连接：当 SMB 类型确认后，客户端会发送 session setup 指令数据包，提交账号和密码，请求与 Samba 服务器建立连接，如果客户端通过身份验证，Samba 服务器会对 session setup 报文作出回应，并为用户分配唯一的 UID，在客户端与其通信时使用。

（3）访问共享资源：客户端访问 Samba 共享资源时，发送 tree connect 指令数据包，通知服务器需要访问的共享资源名，如果设置允许，Samba 服务器会为每个客户端与共享资源

连接分配 TID，客户端即可访问需要的共享资源。

（4）断开连接：共享使用完毕，客户端向服务器发送 tree disconnect 报文关闭共享，与服务器断开连接。

10.1.2　案例目标

（1）掌握 Samba 服务的安装。
（2）掌握 Samba 服务的使用。

10.1.3　案例描述

在 IP 地址为 192.168.200.10 的虚拟机中，搭建 Samba 服务器。

10.1.4　案例分析

1. 规划节点

Linux 操作系统的单节点规划见表 10－1。

表 10－1　单节点规划

IP	主机名	节点
192.168.200.10	Samba	Samba 节点

2. 基础准备

使用本地 PC 环境的 VMware Workstation 软件进行实操练习，镜像使用提供的 CentOS 7，yum 源采用本地 yum 源。

10.1.5　案例实施

1. 修改主机名

进行修改主机名的操作，将 192.168.200.10 主机名修改为 samba，命令如下：

```
[root@localhost ~] # hostnamectl set-hostname samba
[root@localhost ~] #logout
[root@samba ~] #hostnamectl
      Static hostname:samba
............
```

2. 关闭防火墙及 SELinux 服务

关闭防火墙 firewalld 及 SELinux 服务，命令如下：

```
[root@samba ~] #setenforce 0
[root@samba ~] #systemctl stop firewalld
```

3. 安装 Samba 服务

使用 CentOS-7-x86_64-DVD-2009.iso 文件自行配置本地 yum 源，配置完成后进行安装，命令如下：

```
[root@samba ~]# mkdir /opt/centos
[root@samba ~]# mount /dev/cdrom /opt/centos
mount: /dev/sr0 is write-protected, mounting read-only
[root@samba ~]# rm -vf /etc/yum.repos.d/*
[root@samba ~]# vi /etc/yum.repos.d/local.repo
[centos]
name=centos
baseurl=file:///opt/centos
gpgcheck=0
enabled=1
[root@samba ~]# yum clean all
[root@samba ~]# yum list
[root@samba ~] #yum install - y samba
```

4. 启动 Samba 服务

安装完毕后，可以通过如下命令启动 Samba 服务：

```
[root@samba ~]# systemctl start smb
```

5. 查询 Samba 运行状态

如果要查询 Samba 服务的运行状态，可以使用如下命令：

```
[root@samba ~]# systemctl status smb
```

上述命令执行可能有两种结果，分别表示 Samba 服务处于运行状态和停止状态：

```
Active: active (running)   //运行中
Active: inactive (dead)    //停止
```

6. 停止 Samba 服务

Samba 服务启动后，可以通过如下命令使其停止：

```
[root@samba ~]# systemctl stop smb
```

7. 重启 Samba 服务

Samba 服务可以通过如下命令重启：

```
[root@samba ~]# systemctl restart smb
```

8. Samba 服务重新加载配置

Samba 服务可以通过如下命令重新加载配置：

```
[root @samba ~]# systemctl reload smb
```

9. 开机自动启动 Samba 服务

如果需要查询 Samba 服务是否为自动启动，请使用如下命令：

```
[root@samba ~]# systemctl list-unit-files |grep smb
```

上述命令有两种可能的执行结果，分别表示 Samba 服务是否随 Linux 一起自动启动：

```
smb.service    disabled    //不自动启动
smb.service    enabled     //自动启动
```

如果需要设置 Samba 服务自动启动，那么使用如下命令：

```
[root @samba ~]# systemctl enable smb
```

如果需要取消自动启动 Samba 服务，则使用如下命令：

```
[root @samba ~]# systemctl disable smb
```

10.2 项目实训一：配置 Samba 服务

10.2.1 知识准备

1. Samba 服务器的搭建流程

项目实训一：配置 Samba 服务器

基本的 Samba 服务器的搭建流程主要分为 5 个步骤：

（1）编辑主配置文件 smb. conf，指定需要共享的目录，并为共享目录设置共享权限。

（2）在 smb. conf 文件中指定日志文件名称和存放路径。

（3）设置共享目录的本地系统权限。

（4）重新加载配置文件或重新启动 SMB 服务，使配置生效。

（5）关闭防火墙，同时设置 SELinux 为允许。

2. 客户端访问 Samba 服务器

客户端访问 Samba 服务器分为 4 步：

（1）客户端请求访问 Samba 服务器上的 Share 共享目录。

（2）Samba 服务器接收到请求后，会查询主配置文件 smb. conf，看是否共享了 Share 目录，如果共享了这个目录，则查看客户端是否有权限访问。

（3）Samba 服务器会将本次访问信息记录在日志文件之中，日志文件的名称和路径都需要设置。

（4）如果客户端满足访问权限设置，则允许客户端进行访问。

3. Samba 服务的日志文件和 Samba 账号

1）Samba 服务日志文件

在/etc/samba/smb. conf 文件中，log file 为设置 Samba 日志的字段。如下所示：

```
log file = /var/log/samba/log.%m
```

Samba 服务的日志文件默认存放在/var/log/samba/，其中，Samba 会为每个连接到 Samba 服务器的计算机分别建立日志文件。使用 ls -a /var/log/samba 命令查看日志的所有文件。

2）Samba 账号

首先应创建本地账号，然后把这个本地账号添加到 Samba 中，使其成为 Samba 账号。在 Samba 中添加账号的命令为 smbpasswd，格式为：

```
smbpasswd  -a  用户名
```

3）主配置文件 smb. conf

Samba 的主配置文件放在/etc/samba 目录中，主配置文件名为 smb. conf。

Samba 开发组按照功能不同，对 smb. conf 文件进行了分段划分，即配置简介、全局变量和共享服务。smb. conf 文件的开头部分为配置简介，主要告诉我们 smb. conf 文件的作用及相关信息，以“#”开头的为注释，以“;”开头的为 Samba 配置的格式范例，默认是不生效的。

在 smb. conf 文件中，全局变量区域位于“Global Settings”下方，以“[global]”开始，字段变量对所有共享资源都生效。

共享服务可以视为局部变量。在 smb. conf 文件中，共享服务设置区域位于“Share Definitions”下方，每个共享以相应的共享名作为该共享区域的开始标志。常用参数及作用见表 10－2。

表 10－2　Samba 服务主配置文件中的参数及其作用

	参数	作用
[global]	workgroup = MYGROUP	#工作组名称，比如：workgroup = SmileGroup
	server string = Samba Server Version %v	#服务器描述，参数%v 为显示 SMB 版本号
	log file = /var/log/samba/log. %m	#定义日志文件的存放位置与名称，参数%m 为来访的主机名
	max log size = 50	#定义日志文件的最大容量为 50 KB
	security = user	#安全验证的方式，总共有 4 种，比如：security = user #share：来访主机无须验证口令。比较方便，但安全性很差 #user：需验证来访主机提供的口令后才可以访问；提升了安全性，系统默认方式 #server：使用独立的远程主机验证来访主机提供的口令（集中管理账户） #domain：使用域控制器进行身份验证

续表

	参数	作用
[global]	passdb backend = tdbsam	#定义用户后台的类型，共有 3 种 #smbpasswd：使用 smbpasswd 命令为系统用户设置 Samba 服务程序的密码 #tdbsam：创建数据库文件并使用 pdbedit 命令建立 Samba 服务程序的用户 #ldapsam：基于 LDAP 服务进行账户验证
	load printers = yes	#设置在 Samba 服务启动时是否共享打印机设备
	cups options = raw	#打印机的选项
[homes]	comment = Home Directories	#描述信息
	browseable = no	#指定共享信息是否在“网上邻居”中可见
	writable = yes	#定义是否可以执行写入操作，与“read only”相反
[printers]		#打印机共享参数

10.2.2　案例目标

（1）了解 Samba 服务的主配置文件。

（2）掌握 Samba 服务主配置文件的设置。

10.2.3　案例描述

abc 公司有多个部门，因工作需要，要求将销售部的资料存放在 Samba 服务器的/abc/sales/目录下集中管理，以便销售人员浏览，并且该目录只允许销售部员工访问。

10.2.4　案例分析

1. 规划节点

Linux 操作系统的单节点规划见表 10－3。

表 10－3　单节点规划

IP	主机名	节点
192. 168. 200. 10	samba－server	samba－server 节点
192. 168. 200. 20	samba－client	samba－client 节点
192. 168. 200. 30	samba－clientwin	Windows 节点

2. 基础准备

通过克隆准备三台虚拟机，其中两台 CentOS 系统，一台 Win7 系统。

10.2.5 案例实施

（1）建立共享目录，并在其下建立测试文件。

```
[root@localhost ~]# mkdir  /abc
[root@localhost ~]# mkdir  /abc/sales
[root@localhost ~]# touch  /abc/sales/test_share.tar
```

（2）添加销售部用户和组，并添加相应的 Samba 账号。

①使用 groupadd 命令添加 sales 组，然后执行 useradd 命令和 passwd 命令，以添加销售部员工的账号及密码。此处单独增加一个 test_user1 账号，不属于 sales 组，供测试用。

```
[root@localhost ~]# groupadd  sales                #建立销售组 sales
[root@localhost ~]# useradd  -g  sales  sale1   #建立 sale1,添加到 sales 组
[root@localhost ~]# useradd  -g  sales  sale2   #建立 sale2,添加到 sales 组
[root@localhost ~]# useradd  test_user1          #供测试用
[root@localhost ~]# passwd  sale1                #设置用户 sale1 密码
[root@localhost ~]# passwd  sale2                #设置用户 sale2 密码
[root@localhost ~]# passwd  test_user1           #设置用户 test_user1 密码
```

②为销售部成员添加相应 Samba 账号。

```
[root@localhost ~]# smbpasswd  -a  sale1
[root@localhost ~]# smbpasswd  -a  sale2
[root@localhost ~]# smbpasswd  -a  test_user1
```

（3）修改 Samba 主配置文件 smb.conf。

```
[root@localhost ~]# cp /etc/samba/smb.conf /etc/samba/smb.conf.bak
[root@localhost ~]# vi /etc/samba/smb.conf
[global]
        workgroup = workgroup
        server string = file Server
        security = user              #设置 user 安全级别模式,默认值
        passdb backend = tdbsam

[sales]                              #设置共享目录的共享名为 sales
        comment = sales
        path = /companydata/sales    #设置共享目录的绝对路径
        writeable = yes
        browseable = yes
        valid users = @sales         #设置可以访问的用户为 sales 组
```

（4）设置共享目录的本地系统权限。

```
[root@localhost ~]# chmod  777  /abc/sales -R
```

（5）禁掉 SELinux。

```
[root@localhost ~]# setenforce 0
[root@localhost ~]# vi /etc/selinux/config
```

将“SELinux”字段对应的值修改为“disabled”。

（6）关闭防火墙。

```
[root@localhost ~]# systemctl stop firewalld
[root@localhost ~]# systemctl disable firewalld
```

（7）重启 Samba 服务。

```
[root@localhost ~]# systemctl restart smb
```

（8）测试。

Samba 服务器在将本地文件系统共享给 Samba 客户端时，涉及本地文件系统权限和 Samba 共享权限。当客户端访问共享资源时，最终的权限取这两种权限中最严格的。

①Windows 客户端访问 Samba 共享。

打开“我的电脑”，在地址栏输入\\192.168.200.10，回车后打开“Windows 安全”对话框，输入 sale1 或 sale2 及其密码，登录后可以正常访问。

试一试：注销 Windows 7 客户端，使用 test_user1 用户和密码登录会出现什么情况？

②Linux 客户端访问 Samba 共享。

在 samba-client 节点上安装 samba-client 和 cifs-utils。

```
[root@localhost ~]#mkdir /iso
[root@localhost ~]#mount /dev/cdrom /iso
mount:/dev/sr0 is write-protected,mounting read-only
[root@localhost ~]#vim /etc/yum.repos.d/dvd.repo
[root@localhost ~]#yum installsamba-client -y
[root@localhost ~]#yum installcifs-utils -y
[root@localhost ~]# smbclient  -L  192.168.200.10  -U  sale1%000
[root@localhost ~]# smbclient  //192.168.200.10/sales  -U  test_user1%000
Domain=[localhost] OS=[Windows 6.1] Server=[Samba 4.6.2]
smb: \> ls
smb: \> mkdir testdir      #新建一个目录进行测试
smb: \> ls
smb: \> exit
```

10.3 项目实训二：配置限制访问的 Samba 服务

10.3.1 知识准备

项目实训二：配置限制访问的 Samba 服务

可以通过修改 Samba 服务的主配置文件，来指定用户访问的目录。通过主配置文件中的字段“include = /etc/samba/smb.conf.%G”来增加一个配置文件，从而实现不同用户可访问的指定目录。

10.3.2 案例目标

(1) 了解 include 字段及其使用方法。

(2) 掌握配置限制访问的 Samba 服务。

10.3.3 案例描述

A 公司为了共享内部信息，决定使用 Samba 搭建文件共享服务器。

A 公司使用一个目录/a 来存放公共信息，允许所有授权用户访问；而使用另一个目录/leaders 来存放只有领导可以访问的数据。

A 公司的人员分为领导和普通职员，每种类型的人员对 Samba 服务器共享目录的访问需要不同的访问权限。

10.3.4 案例分析

1. 规划节点

Linux 操作系统的节点规划见表 10－4。

表 10－4 节点规划

IP	主机名	节点
192.168.200.10	samba	samba 节点
192.168.200.20	samba－client	samba－client 节点
192.168.200.30	samba－clientwin	Windows 节点

2. 基础准备

使用 10.2 节的 Samba 服务器和客户端进行上机实操。

10.3.5 案例实施

1. 配置 Samba 服务器

(1) 新建目录。

```
[root@localhost ~]# mkdir /a
[root@localhost ~]# mkdir /leaders
```

(2) 创建组。

```
[root@localhost ~]# groupadd leaders
```

(3) 创建系统用户。

```
[root@localhost ~]# useradd -g leaders leader1
[root@localhost ~]# useradd worker1
```

（4）添加 Samba 用户。

```
[root@localhost ~]# smbpasswd -a leader1
[root@localhost ~]# smbpasswd -a worker1
```

（5）设置共享目录的本地系统权限。

```
[root@localhost ~]# chmod 777 /a
[root@localhost ~]# chmod 777 /leaders
```

（6）设置 smb. conf 主配置文件。

```
[root@localhost ~]# vi /etc/samba/smb.conf
[global]
             include = /etc/samba/smb.conf.%G
       workgroup = workgroup1
       server string = a file server
       security = user
[a]
       comment = a
       path = /a
             browseable =yes
             writeable = yes
```

（7）设置 smb. conf. leaders 配置文件。

```
[root@localhost ~]# vi /etc/samba/smb.conf.leaders
[leaders]
                    comment = leaders
                    path = /leaders
                    browseable =yes
                    writable = yes
                    valid users = @leaders
```

（8）禁掉 SELinux。

```
[root@localhost ~]# setenforce 0
[root@localhost ~]# vi /etc/selinux/config
```

将“selinux”字段对应的值修改为“disabled”。

（9）关闭防火墙，设置防火墙为开机不自启。

```
[root@localhost ~]# systemctl stop firewalld
[root@localhost ~]# systemctl disable firewalld
```

（10）重启 Samba 服务。

```
[root@localhost ~]# systemctl restart smb
```

2. 配置 Samba 客户端并测试

（1）Windows 客户端访问 samba 共享。

用 leader1 测试，如图 10－1 所示；用 worker1 测试，如图 10－2 所示。

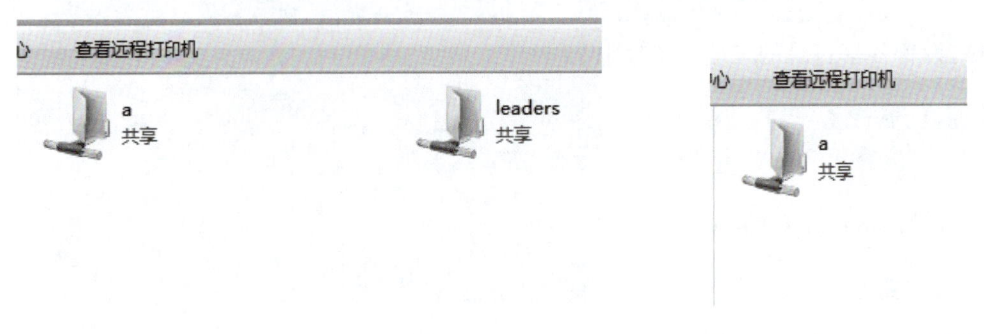

图 10－1　用 leader1 测试　　　图 10－2　用 worker1 测试

（2）Linux 客户端访问 Samba 共享。

```
[root@localhost ~]# smbclient -L 192.168.200.10 -U leader1%000
[root@localhost ~]# smbclient -L 192.168.200.10 -U worker1%000
```

leader1 用户可以访问到 a 目录和 leaders 目录；worker1 用户只能访问 a 目录。

任务评价表

评价类型	赋分	序号	具体指标	分值	得分		
					自评	组评	师评
职业能力	55	1	Samba 服务安装配置方案设计合理	15			
		2	Samba 服务启动、关闭、重启、开机自启正确	10			
		3	主配置文件设计合理	10			
		4	Samba 客户端安装正确	10			
		5	验证正确	10			
职业素养	20	1	坚持出勤，遵守纪律	5			
		2	协作互助，解决难点	5			
		3	按照标准规范操作	5			
		4	持续改进优化	5			
劳动素养	15	1	按时完成，认真填写记录	5			
		2	保持工位卫生、整洁、有序	5			
		3	小组分工合理性	5			

续表

评价类型	赋分	序号	具体指标	分值	得分		
					自评	组评	师评
思政素养	10	1	完成思政素材学习	4			
		2	完成课程思政心得	6			
总分				100			

<table>
<tr><th colspan="2">总结反思</th></tr>
<tr><td colspan="2">• 目标达成：知识　　　　　能力　　　　　素养</td></tr>
<tr><td>• 学习收获：</td><td rowspan="2">• 教师寄语：

签字：</td></tr>
<tr><td>• 问题反思：</td></tr>
</table>

❖ 本章小结

本章主要介绍了 Samba 服务的概念、Samba 的工作流程、Samba 服务器的安装、Samba 主配置文件中的常用参数及其作用。给出了两个案例，分别是匿名访问的 Samba 配置和配置限制、用户访问目录的 Samba 服务器，分析了具体项目及实验环境的搭建，列出了具体操作步骤。

❖ 理论习题

1. Samba 服务使用的协议是________。
2. Samba 服务日志文件存储的目录是________。
3. 安装 Samba 服务的命令是________。
4. 使用“vi/etc/samba/________”命令可以打开 Samba 服务的主配置文件进行编辑。
5. 重启 Samba 服务的命令是________。

❖ 实践习题

创建 Samba 服务器，创建 Samba 客户端，并完成以下设置。

（1）设置 Samba 服务 user 级别访问模式。

（2）设置 Samba 访问目录为/etc/team。

（3）设置只允许写操作。

（4）设置允许访问组为 team 组。

（5）创建系统用户和 Samba 用户 worker1、woker2，密码都为“123456”，创建组 team，将用户 worker1 加入 team 组。

（6）在 Samba 客户端分别用 worker1 和 worker2 测试。

❖ 深度思考

1. 无法访问 Samba 服务共享目录的原因可能有哪些？
2. Samba 服务配置的步骤有哪些？过程中有哪些注意事项？
3. 在配置服务的过程中，列举有哪些能力得到提升。

❖ 项目任务单

<table>
<tr><td>项目任务</td><td colspan="3"></td></tr>
<tr><td>小组名称</td><td></td><td>小组成员</td><td></td></tr>
<tr><td>工作时间</td><td></td><td>完成总时长</td><td></td></tr>
<tr><td colspan="4">项目任务描述</td></tr>
<tr><td colspan="4"></td></tr>
<tr><td rowspan="5">小组分工</td><td>姓名</td><td colspan="2">工作任务</td></tr>
<tr><td></td><td colspan="2"></td></tr>
<tr><td></td><td colspan="2"></td></tr>
<tr><td></td><td colspan="2"></td></tr>
<tr><td></td><td colspan="2"></td></tr>
<tr><td colspan="4">任务执行结果记录</td></tr>
<tr><td>序号</td><td>工作内容</td><td>完成情况</td><td>操作员</td></tr>
<tr><td>1</td><td></td><td></td><td></td></tr>
<tr><td>2</td><td></td><td></td><td></td></tr>
<tr><td>3</td><td></td><td></td><td></td></tr>
<tr><td>4</td><td></td><td></td><td></td></tr>
<tr><td colspan="4">任务实施过程记录</td></tr>
<tr><td colspan="4"></td></tr>
</table>

第11章 配置与管理DHCP服务

❖ 知识导读

两台连接到互联网上的电脑相互之间通信，必须有各自的IP地址，由于IP地址资源有限，宽带接入运营商不能做到给每个报装宽带的用户都分配一个固定的IP地址（所谓固定IP，就是即使在你不上网的时候，别人也不能用这个IP地址，这个资源一直被你所独占）。

如果一个网络中存在几千台甚至上万台计算机，那么逐一配置每台机器的IP地址将是一件难以想象的事情。为此，需要服务器具有这样一种功能，即可以为整个网络中每台机器自动配置IP地址，所以要采用DHCP方式对上网的用户进行临时的地址分配。也就是你的电脑连上网，DHCP服务器才从地址池里临时分配一个IP地址给你，每次上网分配的IP地址可能会不一样，这跟当时IP地址资源有关。当机器下线的时候，DHCP服务器可能就会把这个地址分配给之后上线的其他电脑。这样可以有效节约IP地址，既保证了网络通信，又提高IP地址的使用率，同时，也方便维护和管理。这种功能就是本章将要介绍的动态主机配置协议，简称DHCP。

❖ 知识目标

- 了解DHCP服务器的概念及作用。
- 掌握DHCP的工作过程。
- 掌握DHCP服务器的基本配置方法。
- 掌握DHCP客户端的配置和测试方法。
- 掌握关于DHCP服务故障排除的方法。
- 了解超级作用域。

❖ 技能目标

- 会安装和配置DHCP服务器。
- 能根据需要对DHCP客户端的主配置文件进行修改。
- 会配置Linux系统下的DHCP服务器超级作用域。

❖ 思政目标

- 培养学生养成勤俭节约的传统美德。

“课程思政”链接
融入点：DHCP 集中管理 DHCP 地址池　思政元素：高效利用 IP 资源——勤俭节约
在介绍“配置与管理 DHCP 服务器”内容时，专题嵌入 DHCP 集中管理 DHCP 地址池。DHCP 服务器对于 IP 资源的统一管理和高效利用至关重要，可有效避免 IP 地址的分配浪费问题。动态主机配置协议 DHCP 是 RFC1541 定义的标准协议，该协议允许服务器向客户端分配 IP 地址和配置信息，客户机登录服务器时，就可以自动获得服务器分配的 IP 地址和子网掩码，减轻了手动配置每个设备的工作负担，节省了时间和精力，DHCP 提供了安全、可靠且简单的 TCP/IP 网络配置，降低了配置 IP 地址的负担，达到简化网络管理、防止 IP 地址冲突、快速部署、具有移动性的目的。勤俭节约是中华民族的传统美德，是我们在生活中应该坚守的原则，作为当代大学生，我们更应当自觉肩负起“厉行节约，反对浪费”的社会责任，树立勤俭节约意识，从日常生活的一点一滴做起，携手共建节约型校园，同心共筑节约型社会，展现当代大学生应有的文明素养与道德风尚。
参考资料：《勤俭节约中华美德》视频

❖ 1 + X 证书考点

1. 云计算平台运维与开发职业技能等级要求（中级）

项目三：Linux 系统与服务构建运维	3.4　Linux 中 DHCP 服务的构建与使用	3.3.1　能根据 DHCP 服务部署工作任务要求，完成 DHCP 服务器端和客户端的安装部署，DHCP 服务可以正常启动。 3.3.2　能根据 DHCP 服务部署工作任务要求，完成 DHCP 服务部署的配置，正确编辑 dhcpd.conf 文件，配置结果符合任务要求。 3.3.3　能根据 DHCP 服务部署工作任务要求，完成 DHCP 服务超级作用域的创建，并且验证结果符合任务要求。

2. 网络系统软件应用与维护职业技能等级要求（中级）

3. Linux 操作系统应用服务部署	3.1　DHCP 服务部署	3.1.1　能根据 DHCP 服务部署工作任务要求，完成 DHCP 服务程序的部署，DHCP 服务正常启动。 3.1.2　能根据 DHCP 服务部署工作任务要求，完成自动管理 IP 地址的配置，配置结果符合任务要求。 3.1.3　能根据 DHCP 服务部署工作任务要求，完成分配固定 IP 地址的配置，配置结果符合任务要求。

11.1 安装与配置 DHCP 服务

11.1.1 DHCP 相关知识

安装与配置 DHCP 服务

在一个计算机比较多的网络中，要为整个企业的上百台机器逐一进行 IP 地址的配置绝不是一件轻松的工作。为了更方便、简捷地完成这些工作，很多时候会采用动态主机配置协议（Dynamic Host Configuration Protocol，DHCP）来自动为客户端配置 IP 地址、默认网关等信息。

1. DHCP 概念

DHCP 即动态主机配置协议，是一个简化主机 IP 地址分配管理的 TCP/IP 标准协议，用户可以利用 DHCP 服务器管理动态的 IP 地址分配及其他相关的环境配置工作，如 DNS 服务器、WINS 服务器、Gateway（网关）的设置。

DHCP 服务同样采用客户机/服务器工作模式，服务器具有固定的 IP 地址，扮演着 IP 地址分配者的角色，而客户机通过与服务器的通信，最终获得一个动态分配的 IP 地址。除了为客户机提供 IP 地址分配的功能外，DHCP 服务器还具有为客户端提供网络环境配置的功能，如 DNS 配置、WINS 配置、网关配置、缓解 IP 地址不足等问题。也就是说，客户端 IP 地址及与 IP 地址相关的配置工作都可由 DHCP 服务器自动完成，这大大减少了网络管理员的工作量。

DHCP 服务常用的术语有 DHCP 服务器、DHCP 客户机、DHCP 中继代理、作用域、超级作用域、排除范围、地址池、租约、保留等。

（1）DHCP 服务器：DHCP 服务器是用于提供网络设置参数给 DHCP 客户机的 Internet 主机，用于配置 DHCP 服务器的主机必须使用静态 IP 地址，配置子网掩码与默认网关。

（2）DHCP 客户机：DHCP 客户机是通过 DHCP 服务获取网络配置参数的 Internet 主机。若网络中存在 DHCP 服务器，开启 DHCP 服务的客户机在接入网络后，可获得由 DHCP 服务器动态分配的 IP 地址。

（3）作用域：作用域指使用 DHCP 服务的网络中可用物理 IP 地址的集合，通常情况下，作用域被设置为网络上的一个子网。DHCP 服务器只能为 DHCP 客户端分配存在于作用域中的空闲 IP 地址。

（4）超级作用域：超级作用域是 DHCP 服务的一种管理功能，可用于物理子网上多个逻辑 IP 子网作用域的管理性分组，即将多个作用域组合为单个管理实体进行统一管理。

（5）排除范围：排除范围用于限定从 DHCP 服务作用域内排除的有限 IP 地址集合。排除范围中的 IP 地址为预留地址，这些地址通常预留给一些需要固定 IP 的设备（如服务器、可网管交换机等）使用。当 DHCP 服务动态为计算机分配 IP 时，普通设备不会获取到排除范围中的 IP 地址。

2. DHCP 工作原理

DHCP 客户端和服务器端申请 IP 地址、获得 IP 地址的过程一般分为 4 个阶段，分别是：客户机发送 IP 租约请求、服务器为客户机提供 IP 租约地址、客户端接收 IP 租约信息、租约确认，DHCP 的工作过程如图 11 - 1 所示。

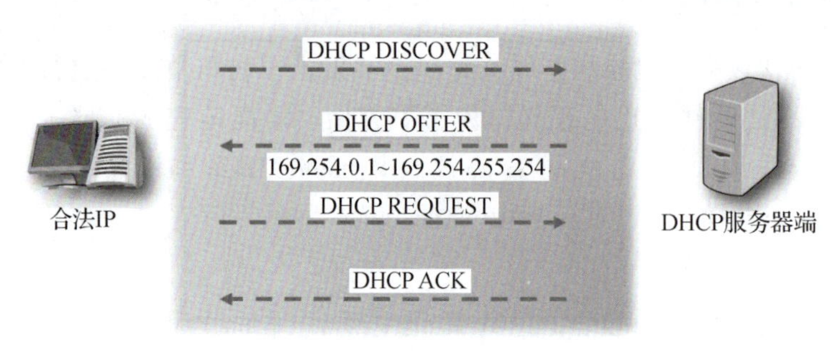

图 11 - 1　DHCP 的工作过程

从图 11 - 1 中可以看出，第一步，DHCP 客户端以广播的方式发出 DHCP DISCOVER 报文；第二步，所有的 DHCP 服务器端都能够接收到 DHCP 客户端发送的 DHCP DISCOVER 报文，所有的 DHCP 服务器端都会给出响应，向 DHCP 客户端发送一个 DHCP OFFER 报文。DHCP OFFER 报文中的“Your(客户端) IP Address”字段就是 DHCP 服务器端能够提供给 DHCP 客户端使用的 IP 地址，且 DHCP 服务器端会将自己的 IP 地址放在“option”字段中，以便 DHCP 客户端区分不同的 DHCP 服务器端。DHCP 服务器端在发出此报文后，会存在一个已分配 IP 地址的记录；第三步，DHCP 客户端只能处理其中的一个 DHCP OFFER 报文，一般的原则是 DHCP 客户端处理最先收到的 DHCP OFFER 报文。DHCP 客户端会发出一个广播的 DHCP REQUEST 报文，在选项字段中会加入选中的 DHCP 服务器端的 IP 地址和需要的 IP 地址，DHCP 服务器端收到 DHCP REQUEST 报文后，判断选项字段中的 IP 地址是否与自己的地址相同。如果不相同，DHCP 服务器端不做任何处理只清除相应 IP 地址分配记录；如果相同，DHCP 服务器端就会向 DHCP 客户端响应一个 DHCP ACK 报文，并在选项字段中增加 IP 地址的使用租期信息；第四步，DHCP 客户端接收到 DHCP ACK 报文后，检查 DHCP 服务器端分配的 IP 地址是否能够使用。如果可以使用，则 DHCP 客户端成功获得 IP 地址并根据 IP 地址使用租期自动启动续延过程；如果 DHCP 客户端发现分配的 IP 地址已经被使用，则 DHCP 客户端向 DHCP 服务器端发出 DHCP DECLINE 报文，通知 DHCP 服务器端禁用这个 IP 地址，然后 DHCP 客户端开始新的地址申请过程，DHCP 客户端在成功获取 IP 地址后，随时可以通过发送 DHCP RELEASE 报文释放自己的 IP 地址，DHCP 服务器端收到 DHCP RELEASE 报文后，会回收相应的 IP 地址并重新分配。

11.1.2　DHCP 服务安装及常用操作

（1）检测系统是否已经安装了 DHCP 相关软件。

```
[root@localhost ~]# rpm -qa |grep dhcp
```

执行完上述命令后，如果没有任何输出信息，则表示 DHCP 软件还未安装，接下来，需

要安装 DHCP 软件。

（2）安装 DHCP 相关软件。

①挂载 ISO 安装镜像。

```
[root@localhost ~]# mkdir /iso
[root@localhost ~]# mount /dev/cdrom /iso
```

②制作用于安装的 yum 源文件。

```
[root@localhost ~]# vim /etc/yum.repos.d/dvd.repo
```

③使用 yum 命令查看 DHCP 软件包的信息。

```
[root@localhost ~]# yum info dhcp
```

④使用 yum 命令安装 DHCP 服务。

```
[root@localhost ~]# yum clean all
[root@localhost ~]# yum install dhcp -y
```

⑤软件包安装完毕之后，使用 rpm 命令再一次进行查询 DHCP 软件包是否安装成功，结果如下：

```
[root@localhost ~]# rpm -qa |grep dhcp
dhcp-common-4.2.5-83.el7.centos.1.x86_64
dhcp-libs-4.2.5-83.el7.centos.1.x86_64
dhcp-4.2.5-83.el7.centos.1.x86_64
```

⑥启动与停止 DHCP 服务，并设置开机启动。

```
[root@localhost ~]# systemctl restart dhcpd
[root@localhost ~]# systemctl enable dhcpd
Created symlink from /etc/systemd/system/multi-user.target.wants/dhcpd.service to /usr/lib/systemd/system/dhcpd.service.
[root@localhost ~]# systemctl restart dhcpd
[root@localhost ~]# systemctl stop dhcpd
[root@localhost ~]# systemctl start dhcpd
```

注意：在 Linux 系统的服务中，当更改了配置文件后，一定要重启服务，让服务重新加载配置文件，这样，新的配置才可以生效（start/restart/reload）。

11.1.3　配置 DHCP 服务步骤

1. DHCP 服务配置流程

基本的 DHCP 服务器搭建流程如下所示。

（1）通过编辑 dhcpd.conf 配置文件，指定 DHCP 的作用域及配置相关选项（划定一个或者多个 IP 地址范围）。

（2）如果系统没有自动建立租约数据库文件，则建立租约数据库文件。

（3）为了使配置生效，需要重新加载配置文件或重新启动 dhcpd 服务。

2. 主配置文件 dhcpd. conf

系统默认主配置文件（/etc/dhcp/dhcpd. conf）没有实质内容，打开查阅，发现 dhcpd. conf 主配置文件的整体框架如下所示。其中，全局配置通常只包含参数和选项，其配置内容对整个 DHCP 服务器生效；局部配置通常由声明来表示，其配置内容只针对某个 IP 地址范围有效。

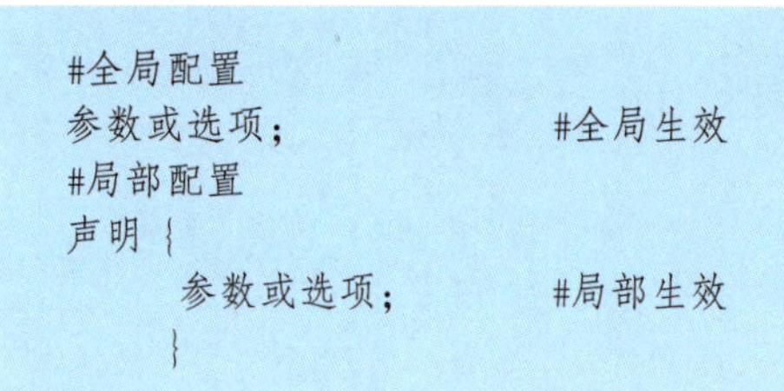

```
#全局配置
参数或选项;            #全局生效
#局部配置
声明 {
     参数或选项;       #局部生效
    }
```

dhcpd. conf 主配置文件的组成部分包括 parameters（参数）、declarations（声明）、option（选项）。

1）常用参数

主配置 dhcpd. conf 中的常用参数见表 11－1。参数一般由设置项和设置值组成，参数用来表明如何执行任务，是否要执行任务，或将哪些网络配置发送给客户。

表 11－1　dhcpd. conf 配置文件中的常用参数

参数	作用
ddns－update－style [类型]	定义 DNS 服务动态更新的类型，类型包括 none（不支持动态更新）、interim（互动更新模式）与 ad－hoc（特殊更新模式）
[allow | ignore] client－updates	允许/忽略客户端更新 DNS 记录
default－lease－time 600	默认超时时间，单位是秒
max－lease－time 7200	最大超时时间，单位是秒
option domain－name－servers　192. 168. 10. 1	定义 DNS 服务器地址
option domain－name "domain. org"	定义 DNS 域名
range 192. 168. 10. 10 192. 168. 10. 100	定义用于分配的 IP 地址池
option subnet－mask　255. 255. 255. 0	定义客户端的子网掩码
option routers　192. 168. 10. 254	定义客户端的网关地址
broadcase－address 192. 168. 10. 255	定义客户端的广播地址
ntp－servers　192. 168. 10. 1	定义客户端的网络时间服务器（NTP）
nis－servers　192. 168. 10. 1	定义客户端的 NIS 域服务器的地址

续表

参数	作用
Hardware　00:0c:29:03:34:02	指定网卡接口的类型与 MAC 地址
server - name　mydhcp. smile. com	向 DHCP 客户端通知 DHCP 服务器的主机名
fixed - address　192. 168. 10. 105	将某个固定的 IP 地址分配给指定主机
time - offset [偏移误差]	指定客户端与格林尼治时间的偏移差
ddns - update - style [类型]	定义 DNS 服务动态更新的类型，类型包括 none（不支持动态更新）、interim（互动更新模式）与 ad - hoc（特殊更新模式）

2）常用声明

常用声明用来描述 DHCP 服务器中对网络布局的划分，如指定 DHCP 的 IP 作用域，划分子网，定义为客户端分配的 IP 地址池等。常用声明的一般格式如下所示。

```
subnet  网络号  netmask  子网掩码 {.…}
range dynamic - bootp  起始 IP 地址  结束 IP 地址
```

3）常用选项介绍

dhcpd. conf 文件的常用选项内容全部以“option”关键字开头，用来配置 DHCP 的可选参数。举例如下：

```
option domain - name - servers 192.168.10.2;
option domain - name "myDHCP.smile.com";
option routers 192.168.10.254;
option broadcast - address 192.168.10.255;
```

其中，“option domain - name - servers IP 地址”的作用是：为客户端指定 DNS 服务器地址；“option routers IP 地址”的作用是：为客户端指定默认网关；“option broadcast - address IP 地址”的作用是：设置客户端的子网掩码。上述三个选项既可以用在全局配置中，又可以用在局部配置中。

3. IP 地址绑定

DHCP 中的 IP 地址绑定用于给客户端分配固定 IP 地址。

1）host　主机名 {…}

这种形式主要用于定义保留地址，举例如下：

```
host  Client2{
        hardware ethernet 00:0c:29:03:34:02;
        fixed - address 192.168.10.105;
}
```

2）hardware 类型硬件地址

这种形式主要用于定义网络接口类型和硬件地址，常用类型为以太网（ethernet），地址为 MAC 地址。举例如下：

```
hardware  ethernet  3a:b5:cd:32:65:12
```

3）fixed - address　IP 地址

这种形式主要用于定义 DHCP 客户端指定的 IP 地址，举例如下：

```
fixed-address  192.168.10.105
```

注意：上述第 2)、3) 项只能应用于 host 声明中。

11.2 项目实训一：配置 DHCP 服务

11.2.1 知识准备

项目实训一：配置 DHCP 服务

动态主机配置协议是一个局域网的网络协议，指的是由服务器控制一段 IP 地址范围，客户机登录服务器时，就可以自动获得服务器分配的 IP 地址和子网掩码。担任 DHCP 服务器的计算机需要安装 TCP/IP 协议，并为其设置静态 IP 地址、子网掩码、默认网关等内容。

1. DHCP 服务器的主配置文件 dhcpd. conf

Linux 系统中，dhcpd 配置文件是/etc/dhcpd. conf 文件。此配置文件包括两个部分：全局参数配置和局部参数配置。全局参数配置内容对整个 DHCP 服务器起作用，如组织域名、DNS 服务器地址等；局部参数配置只针对相应子网段或主机等局部对象起作用。所有配置格式通常都包括三部分：parameters、declarations、option。另外，相关辅助配置文件/lib/dhcpd. leases 用于记录所有已经分配出去的 IP 地址信息。

2. DHCP 服务器的常规设置

1）域名设置

主配置文件 dhcpd. conf 设置域名的指令为 domain - name，如指定域名为“bt. com”，可以这样设置：

```
Option domain-name "bt.com"
```

2）域名服务器设置

主配置文件 dhcpd. conf 设置域名服务器的指令为 domain - name - servers，如指定域名服务器地址为“218. 2. 135. 1”，可以这样设置：

```
Option domain-name-servers 218.2.135.1
```

3）默认租约时间设置

主配置文件 dhcpd. conf 设置默认租约时间的指令为 default - lease - time，这个指令用来

设置获取 IP 地址之后能使用的期限，其默认单位是秒。使用期限一到，必须重新向 DHCP 服务器申请 IP 配置信息，因此，客户机的 IP 地址就会发生变化。如指定默认租约时间为 1 天，可以这样设置：

```
Default-lease-time 86400
```

4）最大租约时间设置

在特定的情况下，可能需要缩短或延长 DHCP 租约时间。缩短租约时间可以节约 IP 地址资源，而延长租约时间可以减少网络中的中断和重新分配 IP 地址的时间。主配置文件 dhcpd. conf 最大租约时间设置使用指令 max-lease-time。如设置最大租约时间为 2 小时，可以这样设置：

```
max-lease-time 7200
```

5）设置子网段

主配置文件 dhcpd. conf 设置子网段的指令为 subnet，设置客户机的子网掩码的指令为 subnet-mask，设置客户机的默认网关地址的指令为 routers。如设置子网段为 192. 168. 1. 0，子网掩码为 255. 255. 255. 0，默认网关为 192. 168. 1. 1，可以这样设置：

```
Subnet 192.168.1.0 netmask 255.255.255.0{
Range 192.168.1.120 192.168.1.140;
Option routers 192.168.1.1;}
```

11. 2. 2　案例目标

（1）掌握 DHCP 服务器与 DHCP 客户端的配置方法，并进行测试。

（2）掌握服务器 IP 地址绑定的配置方法。

11. 2. 3　案例描述

某公司技术部有 60 台计算机，各计算机的 IP 地址要求如下。

（1）DHCP 服务器和 DNS 服务器的地址都是 192. 168. 10. 1/24，有效 IP 地址段为 192. 168. 10. 1 ~ 192. 168. 10. 254，子网掩码是 255. 255. 255. 0，网关为 192. 168. 10. 254。

（2）192. 168. 10. 1 ~ 192. 168. 10. 30 网段地址是服务器的固定地址。

（3）客户端可以使用的地址段为 192. 168. 10. 31 ~ 192. 168. 10. 200，但 192. 168. 10. 105、192. 168. 10. 107 为保留地址，其中，192. 168. 10. 105 保留给 Client2。

（4）客户端 Client1 模拟所有的其他客户端，采用自动获取方式配置 IP 等地址信息。

11. 2. 4　案例分析

1. 网络环境搭建

Linux 服务器和客户端的地址及 MAC 信息见表 11-2（可以使用 VM 的克隆技术快速安装需要的 Linux 客户端）。

表 11-2　服务器和客户端的地址规划

主机名称	操作系统	IP 地址	MAC 地址
DHCP 服务器：CentOS 7	CentOS 7	192.168.10.2	00:0c:29:2b:88:d8
Linux 客户端：Client1	CentOS 7	自动获取	00:0c:29:64:08:86
Linux 客户端：Client2	CentOS 7	192.168.10.105	00:0c:29:03:34:02

2. 基础准备

（1）安装 Linux 企业服务器版，用作 DHCP 服务器。

（2）DHCP 服务器的 IP 地址、子网掩码、DNS 服务器等 TCP/IP 参数必须手工指定，否则，将不能为客户端分配 IP 地址。

（3）DHCP 服务器必须要拥有一组有效的 IP 地址，以便自动分配给客户端。

（4）如果不特别指出，所有 Linux 的虚拟机网络连接方式都选择：自定义，VMnet1（仅主机模式）。

注意：用于手工配置的 IP 地址，一定要排除掉保留地址，或者采用地址池之外的可用 IP 地址，否则，会造成 IP 地址冲突。

11.2.5　案例实施

（1）虚拟机配置：准备一台服务器和三台客户机，设置虚拟机网络连接方式为 VMnet1（仅主机模式）。

（2）服务器、客户机配置：安装 DHCP 服务（yum 源），配置 IP 地址（一台服务器固定 IP、三台客户机自动获取 IP 地址），配置 DHCP 服务的主配置文件/etc/dhcp/dhcpd.conf。主配置文件配置如下：

```
ddns-update-style none;
log-facility local7;
subnet 192.168.10.0 netmask 255.255.255.0 {
  range 192.168.10.21 192.168.10.104;
  range 192.168.10.106 192.168.10.106;
  range 192.168.10.108 192.168.10.200;
  option domain-name-servers 192.168.10.2;
  option domain-name "myDHCP.smile.com";
  option routers 192.168.10.2;
  option broadcast-address 192.168.10.255;
  default-lease-time 600;
  max-lease-time 7200;
}
host    Client2{
        hardware ethernet 00:0c:29:03:34:02;
        fixed-address 192.168.10.105;
}
```

（3）配置完成后保存并退出，重启 dhcpd 服务，并设置开机自动启动。

（4）在 VMware 主窗口中，依次单击“编辑”→“虚拟网络编辑器”，打开“虚拟网络编辑器”窗口，如图 11－2 所示。选中 VMnet1 或 VMnet8，去掉对应的 DHCP 服务启用选项，关闭 VMnet8 和 VMnet1 的 DHCP 服务功能（本项目的服务器和客户机的网络连接都使用 VMnet1）。

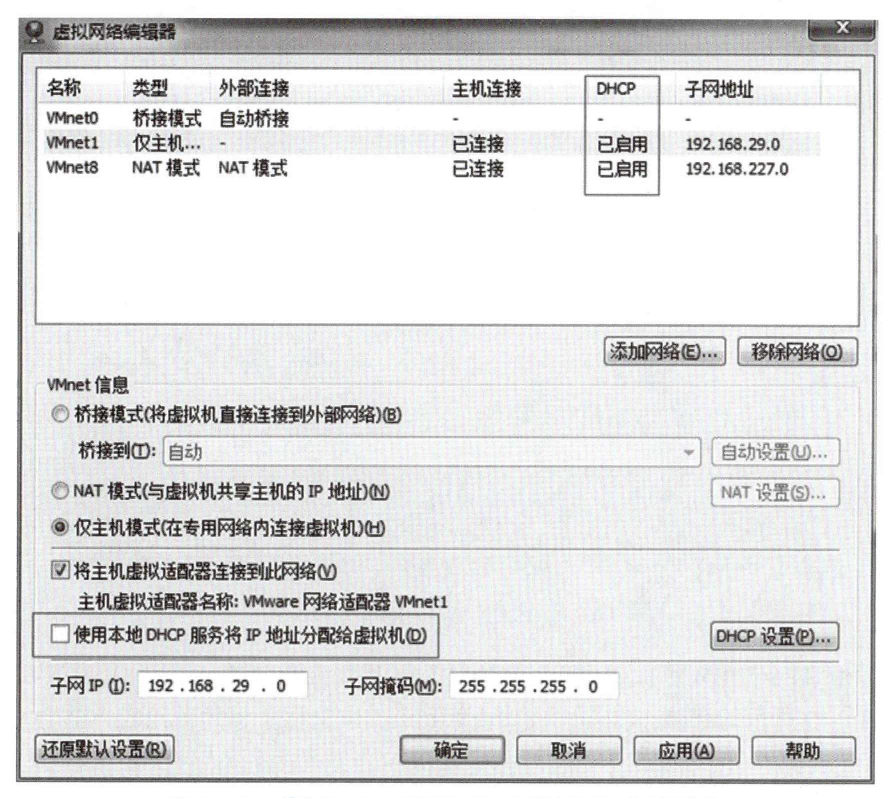

图 11－2　关闭 VMnet8 和 VMnet1 的 DHCP 服务功能

（5）在客户端 Client1 上进行测试，以 root 用户身份登录名为 Client1 的 Linux 计算机，依次单击“Applications”→“System Tools”→“Settings”→“Network”，打开“Network”对话框，如图 11－3 所示。

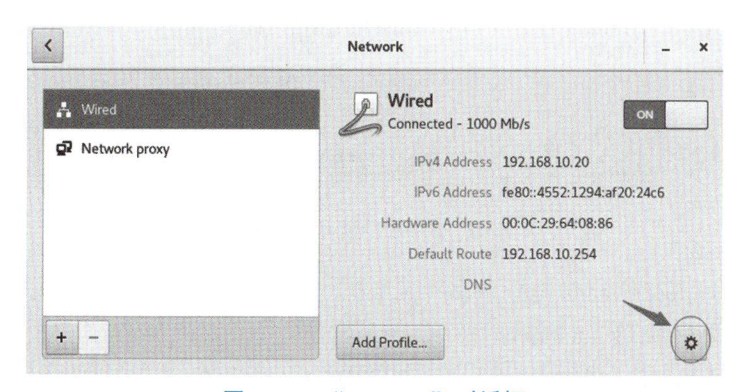

图 11－3　“Network”对话框

（6）单击图 11－3 中的“齿轮”按钮，在弹出的“Wired”对话框中单击“IPv4”选项，并将“Addresses”选项配置为“Automatic（DHCP）”，最后单击“Apply”（应用）按钮，如图 11－4 所示。

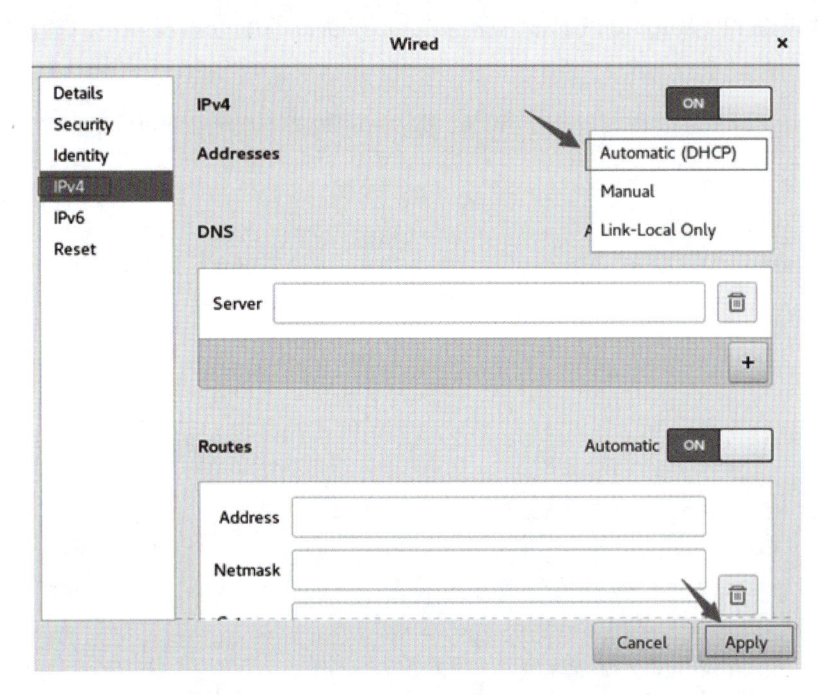

图 11－4　设置“Automatic（DHCP）”

（7）在图 11－5 中先选择“OFF”关闭“Wired”，再选择“ON”打开“Wired”。这时会看到图 11－5 所示的结果：Client1 成功获取到了 DHCP 服务器地址池的一个地址。

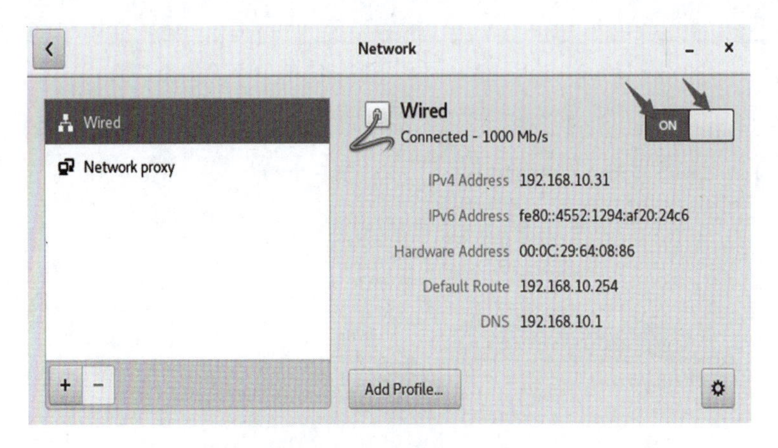

图 11－5　成功获取 IP 地址

（8）同样，以 root 用户身份登录名为 Client2 的 Linux 计算机，设置 Client 自动获取 IP 地址，最后的结果如图 11－6 所示。

（9）对 Windows 客户端进行配置，在 TCP/IP 属性中设置自动获取即可。

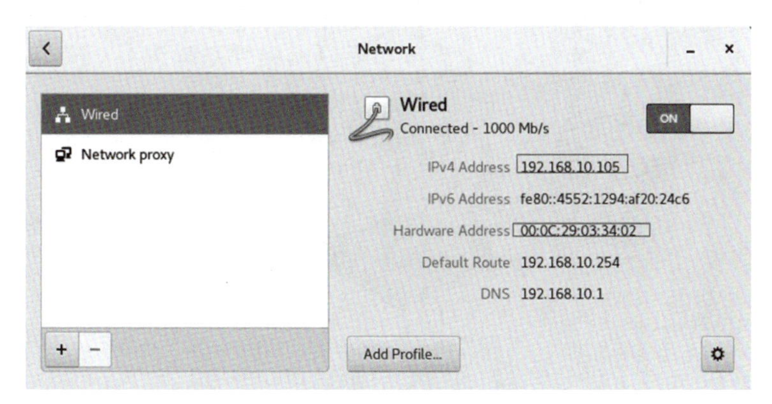

图 11－6　客户端 Client2 成功获取 IP 地址

11.3 项目实训二：配置 DHCP 超级作用域

11.3.1 知识准备

超级作用域是 DHCP 服务中的一种管理功能，可以通过 DHCP 控制台创建和管理超级作用域。使用超级作用域，可以将多个作用域组合为单个管理实体。

项目实训二：配置 DHCP 超级作用域

在使用多个逻辑 IP 网络的单个物理网段（如单个以太网的局域网段）上支持 DHCP 客户端。在每个物理子网或网络上使用多个逻辑 IP 网络时，这种配置通常被称为“多网”。DHCP 超级作用域支持位于 DHCP 和 BOOTP 中继代理远端的远程 DHCP 客户端（在中继代理远端上的网络则使用多网配置）。

在多网配置中，可以使用 DHCP 超级作用域来组合并激活网络上使用的 IP 地址的单独作用域范围。通过这种方式，DHCP 服务器计算机可为单个物理网络上的客户端激活并提供来自多个作用域的租约。

11.3.2 案例目标

（1）掌握 Linux 下 DHCP 服务器超级作用域的配置方法。

（2）熟悉关于 DHCP 服务的故障排除的方法。

11.3.3 案例描述

企业内部建立 DHCP 服务器，网络规划采用单作用域的结构，使用 192.168.2.0/24 网段的 IP 地址。随着公司规模扩大，设备数量增多，现有的 IP 地址无法满足网络的需求，需要添加可用的 IP 地址。这时可以使用超级作用域完成增加 IP 地址的目的，在 DHCP 服务器上添加新的作用域，使用 192.168.8.0/24 网段扩展网络地址的范围。该公司的网络拓扑图如图 11－7 所示（注意各虚拟机网卡的不同网络连接方式）。

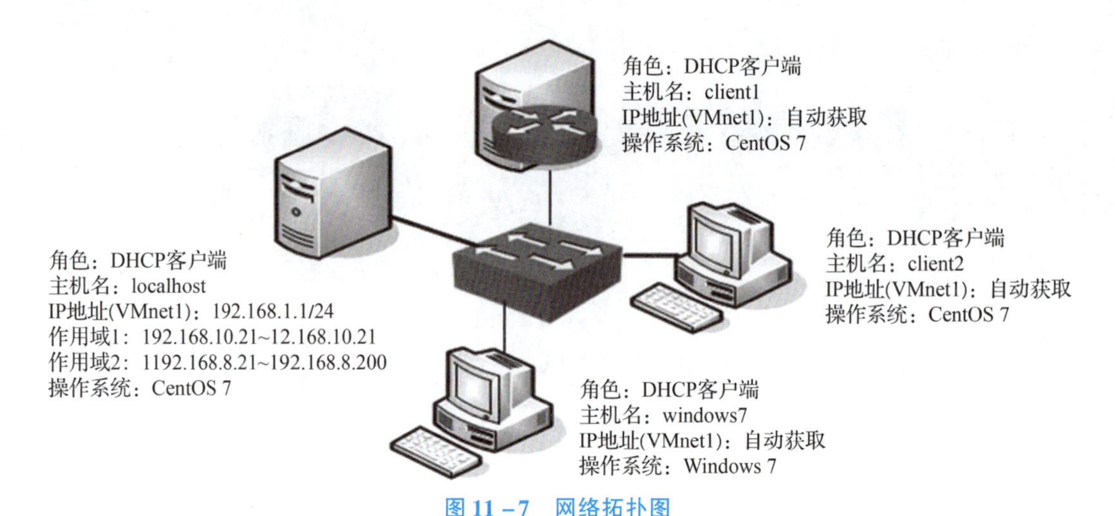

图 11 -7　网络拓扑图

11.3.4　案例分析

规划超级作用域

搭建两个 DHCP 超级作用域，见表 11 -3。

表 11 -3　DHCP 超级作用域

超级作用域	子网地址	IP 地址范围	网关	DNS
Subnet1	192. 168. 10. 0/24	192. 168. 10. 21 ~ 192. 168. 10. 21	192. 168. 10. 254	192. 168. 10. 2
Subnet2	192. 168. 8. 0/24	192. 168. 8. 21 ~ 192. 168. 8. 200	192. 168. 8. 254	192. 168. 8. 2

11.3.5　案例实施

1. 配置主配置文件

(1) 虚拟机配置、服务器 IP 地址配置、yum 源安装等内容与 11. 2 节相同，这里就不再重复。现在直接配置 DHCP 服务器超级作用域的主配置文件 dhcpd. conf，内容如下所示。

```
ddns - update - style none;
log - facility local7;
shared - network cjzyy{
  subnet 192.168.10.0 netmask 255.255.255.0{
  range 192.168.10.21 192.168.10.21;
  option domain - name - servers 192.168.10.2;
  option domain - name "myDHCP.yjm.com";
  option routers 192.168.10.254;
  option broadcast - address 192.168.10.255;
```

```
  default - lease - time 600;
  max - lease - time 7200;}
subnet 192.168.8.0 netmask 255.255.255.0{
  range 192.168.8.21 192.168.8.200;
  option domain - name - servers 192.168.8.2;
  option domain - name "myDHCP.yjm.com";
  option routers 192.168.8.254;
  option broadcast - address 192.168.8.255;
  default - lease - time 600;
  max - lease - time 7200;
}}
```

注意：所谓超级作用域，就是指，在客户端获取 IP 地址的时候，只有在第一个网段的 IP 地址全部分配完毕，才会分配第二个网段的地址。为了保证实验顺利进行，第一个网段只包含 1 个 IP 地址，第二个网段包含多个 IP 地址，这样就可以直观地看到第一个网段的地址（192.168.10.21）分配完后，直接从第二个网段中分配地址。

（2）重启 DHCP 服务。

```
[root@localhost ~]#systemctl restart dhcpd
```

2. 测试

（1）验证主机 client1 获取到的地址，如图 11 - 8 所示。

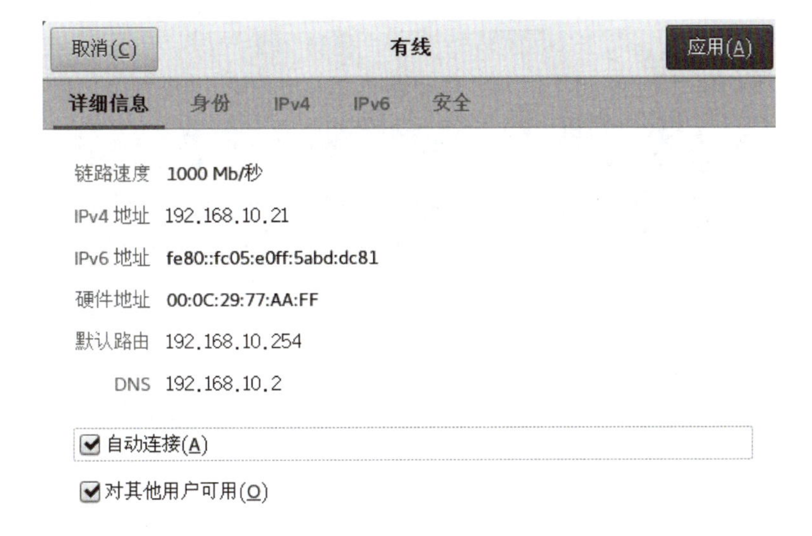

图 11 - 8　client1 获取到的 IP 地址

（2）验证主机 client2 获取到的地址，如图 11 - 9 所示。

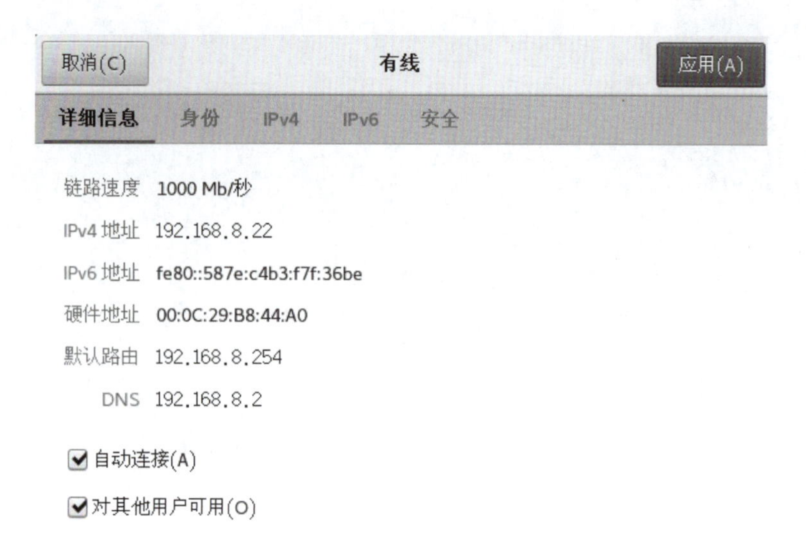

图 11-9　client2 获取到的 IP 地址

（3）验证主机 windows7 获取到的地址，如图 11-10 所示。

图 11-10　windows7 获取到的 IP 地址

（4）验证完成。

3. DHCP 服务的故障排除常用方法

如果启动 DHCP 服务失败，可以使用“dhcpd”命令进行故障排除，一般启动失败的原因如下：

（1）配置文件有问题。

（2）内容不符合语法结构，例如：少个分号。

（3）声明的子网和子网掩码不在同一网段，或者主机没有配置 IP 地址。

（4）配置文件路径有错误。

（5）如果客户端无法连接 DHCP 服务器，可以使用 ping 命令检测网络的连通性。

（6）如果租约文件不存在，也会导致 dhcpd 服务无法正常启动，这时需要手动建立该文件。

任务评价表

评价类型	赋分	序号	具体指标	分值	得分		
					自评	组评	师评
职业能力	55	1	安装 DHCP 服务的熟练程度	15			
		2	配置 DHCP 服务的熟练程度	10			
		3	配置 DHCP 超级作用域的熟练程度	10			
		4	处理故障的能力	10			
		5	对 DHCP 服务的理解程度	10			
职业素养	20	1	坚持出勤，遵守纪律	5			
		2	协作互助，解决难点	5			
		3	按照标准规范操作	5			
		4	持续改进优化	5			
劳动素养	15	1	按时完成，认真填写记录	5			
		2	保持工位卫生、整洁、有序	5			
		3	小组分工合理性	5			
思政素养	10	1	完成思政素材学习	10			
总分				100			

总结反思	
• 目标达成：知识　　　　能力　　　　素养	
• 学习收获：	• 教师寄语：
• 问题反思：	签字：

❖ 本章小结

本章介绍了安装和配置 DHCP 服务器的详细方法。首先介绍了 DHCP 服务的概念及作用、DHCP 服务的工作过程、DHCP 服务器的安装方法，然后介绍了 DHCP 服务器的主配置文件 dhcpd. conf 的结构和常用设置，最后介绍了 DHCP 超级作用域与 DHCP 客户端的配置方法，并掌握了实验成功测试的方法，熟练完成关于 DHCP 服务的故障排除方法。

❖ 理论习题

1. 重启 DHCP 服务的命令是什么？
2. DHCP 服务的配置文件路径是什么？
3. DHCP 的租约文件默认保存在哪个路径下？
4. DHCP 的工作过程包括哪 4 种报文？
5. DHCP 的中文名称全称是什么？
6. 简述 DHCP 服务器的工作过程。
7. 某公司有一台 DHCP 服务器（OS 为 Linux），DHCP 配置文件的相关配置项如下所示。

```
Subnet 192.168.1.0 netmask 255.255.255.0{
Range 192.168.1.10 192.168.1.200;
default-lease-time 7200;
max-lease-time 14400;
option subnet-mask 255.255.255.0;
option routers 192.168.1.1;
option domain-name "myuniversity.edu.cn";
option broadcast-address 192.168.1.255;
option domain-name-servers 218.30.19.20,61.134.1.4;
}
```

请问：（1）该 DHCP 配置的默认租约时间的长度为________。

（2）DHCP 配置的 DNS 域名服务器地址为________。

❖ 实践习题

为学校其中一个机房架设一台 DHCP 服务器，要求动态分配的 IP 地址的范围为 10. 10. 1. 20 ~ 10. 10. 1. 100，使用的子网掩码是 255. 255. 255. 0，默认网关地址为 10. 10. 1. 254。请写出 /etc/dhcp/dhcpd. conf 文件的主要配置语句。

❖ 深度思考

1. 动态分配地址方案有什么优点和缺点？
2. 配置 DHCP 超级作用域有什么现实意义？
3. 在配置服务的过程中，列举有哪些能力得到提升。

❖ 项目任务单

<table>
<tr><td>项目任务</td><td colspan="4"></td></tr>
<tr><td>小组名称</td><td colspan="2"></td><td>小组成员</td><td></td></tr>
<tr><td>工作时间</td><td colspan="2"></td><td>完成总时长</td><td></td></tr>
<tr><td colspan="5">项目任务描述</td></tr>
<tr><td colspan="5"></td></tr>
<tr><td rowspan="5">小组分工</td><td>姓名</td><td colspan="3">工作任务</td></tr>
<tr><td></td><td colspan="3"></td></tr>
<tr><td></td><td colspan="3"></td></tr>
<tr><td></td><td colspan="3"></td></tr>
<tr><td></td><td colspan="3"></td></tr>
<tr><td colspan="5">任务执行结果记录</td></tr>
<tr><td>序号</td><td colspan="2">工作内容</td><td>完成情况</td><td>操作员</td></tr>
<tr><td>1</td><td colspan="2"></td><td></td><td></td></tr>
<tr><td>2</td><td colspan="2"></td><td></td><td></td></tr>
<tr><td>3</td><td colspan="2"></td><td></td><td></td></tr>
<tr><td>4</td><td colspan="2"></td><td></td><td></td></tr>
<tr><td colspan="5">任务实施过程记录</td></tr>
<tr><td colspan="5"></td></tr>
</table>

第 12 章

配置与管理DNS服务

❖ 知识导读

众所周知，IP 地址是网络中计算机身份和位置的唯一标识，而网络中如 E－mail 服务器、Web 服务器、FTP 服务器等服务器的数量较多，相对应的 IP 地址也各不相同，记忆这些纯数字的 IP 地址不仅枯燥无味，而且容易出错。那么有没有一种类似通讯录的功能来记录服务器与 IP 地址的对应关系？

DNS 服务可以解决上述问题，通过将 IP 地址与服务器的域名一一对应管理，可以将域名自动解析成 IP 地址并定位服务器，有效解决了易记与寻址不能兼顾的问题，这样用户可以使用简单易记的域名访问服务器或网站，而不用再去记忆枯燥易错的 IP 地址。本章将学习配置与管理 DNS 服务及其相关内容。

❖ 知识目标

➢ 了解 DNS 服务的概述、分类及工作原理。
➢ 掌握 DNS 服务的安装与常用操作。
➢ 掌握主 DNS 服务器的配置方法与步骤。
➢ 掌握辅助 DNS 服务器的配置方法与步骤。

❖ 技能目标

➢ 会安装、启动、停止、重启与自启 DNS 服务。
➢ 能成功配置主 DNS 服务器。
➢ 能成功配置辅助 DNS 服务器。

❖ 思政目标

➢ 增强学生的爱国情怀和社会责任感。

“课程思政”链接
融入点：DNS 服务器的分布　思政元素：社会责任感——互联网发展人人有责
在介绍 DNS 服务器的基本原理和工作过程时，引入 DNS 服务器是互联网运行的关键环节，嵌入 DNS 顶级域名服务器的分布，引发网络主权与网络安全的思考。2004 年 4 月，由于在顶级域名管理权问题上发生了分歧，利比亚顶级域名“.ly”瘫痪，利比亚诸多官方网站在互联网上消失了 3 天。2009 年 5 月 30 日，微软遵照美国政府的意志，将古巴、伊朗、叙利亚、苏丹和朝鲜 5 国互联网用户的聊天软件“微软网络服务”（MSN）关闭。目前，全球范围内的 13 个顶级域名服务器均在国外（大部分在美国），这对国内互联网的使用及网络安全带来一定的影响和威胁。引导学生了解根域服务器对国家网络安全造成的影响，提高学生网络安全意识，增强学生爱国情节，激发学生社会责任感，树立长远学习志向，为互联网发展和国家网络安全而努力学习与奋斗。
参考资料：《人民日报权威论坛：从网络大国走向网络强国》

❖ 1 + X 证书考点

1 + X 云计算平台运维与开发职业技能等级要求（中级）

3. Linux 系统与服务构建运维	3.3 Linux 网络服务搭建与管理	DNS 服务工作原理及安装配置

12.1 安装与配置 DNS 服务

12.1.1 知识准备

安装与配置 DNS 服务

1. 域名

因特网的用户数量较多，因此，在命名时，采用层次树状结构的命名方法。也就是说，任何一个连接在因特网上的主机或路由器都有唯一的层次结构名字，即域名（Domain Name）。域名可分为不同级别，每级之间使用“.”相隔，包括顶级域名、二级域名、三级域名等。

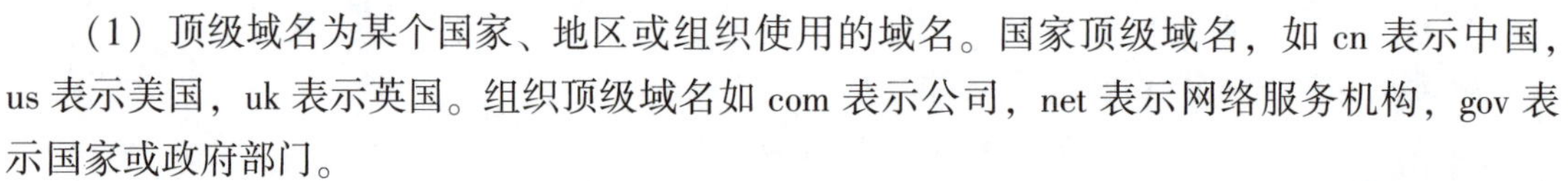

（1）顶级域名为某个国家、地区或组织使用的域名。国家顶级域名，如 cn 表示中国，us 表示美国，uk 表示英国。组织顶级域名如 com 表示公司，net 表示网络服务机构，gov 表示国家或政府部门。

（2）二级域名为个人或组织在 Internet 上使用的注册名称。例如 baidu、qq、csdn 等。

（3）三级域名为由二级域名派生的域名，常用于网站名，例如 www、tieba、blog 等。

例如，百度网的域名 www.baidu.com 中 com 为顶级域名，baidu 为二级域名，www 为三级域名。从中可以看出，域名采用逆序，越靠后，域名等级越高；越靠前，域名等级越低。这样就形成了典型的树状结构。

2. DNS服务概述

DNS（Domain Name System，域名系统）是一个分布式数据库，其中存储了域名与IP地址之间的映射关系，它的主要工作是IP地址与域名之间的相互翻译及对域名地址映射数据库的管理。

DNS能够接受用户输入的域名，然后自动去查找与之匹配的IP地址，此过程为正向解析；DNS也能通过IP地址来查找对应的域名，此过程为反向解析。如图12－1所示。

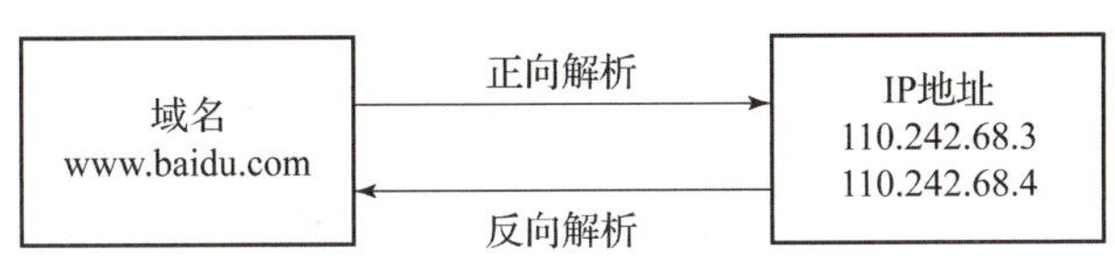

图12－1 正向解析和反向解析

3. DNS服务器分类

DNS服务器实质上就是一台配置了DNS服务，可以实现域名解析功能的主机。根据服务器的工作方式，可以分为以下几类：

1）主域名服务器

主域名服务器（Master DNS）为其所负责的区域提供DNS服务。每个DNS域都必须有主域名服务器，主域名服务器包含本域内所有的主机名及其对应的IP地址，以及一些关于区域的信息。主域名服务器可以使用所在区域的信息来回答客户机的问询，也需要通过询问其他的域名服务器来获得所需的信息，主域名服务器的信息以资源记录的形式进行存储。

2）辅助域名服务器

辅助域名服务器（Slave DNS）分担主DNS服务器的查询工作，每个域至少有一个辅助DNS服务器。辅助DNS服务器从主DNS服务器中复制同步本区域的数据库，像主DNS服务器一样为用户提供域名解析服务，也可以询问其他服务器以得到需要的信息。和主域名服务器差不多，辅助域名服务器中也有一个Cache，用于保存从其他服务器中得到的信息。

3）高速缓存域名服务器

高速缓存域名服务器（Cache DNS）使用缓存的DNS信息进行域名转换，因而速度比较快。高速缓存DNS服务器不提供任何关于区域的权威信息，当用户向它发出询问时，仅仅转发给其他的域名服务器，直到得到结果，并把结果存储在自己的Cache中并保存一段时间。如果客户再次发出同样的询问，它直接用Cache中的信息来回答，无须转发给其他的域名服务器再次询问。高速缓存DNS服务器通常是为了减少DNS的传输量而建立的。

4）转发域名服务器

可以向其他DNS服务器转发解析请求的DNS服务器都称为转发域名服务器（Forward DNS）。在DNS服务器收到客户端的解析请求后，会首先尝试从本地数据库中查找，如果没找到，则需要向其他指定的DNS服务器转发解析请求，其他DNS服务器完成解析后返回结果，转发DNS服务器将该结果缓存至Cache中，并向客户端返回解析结果。

4. DNS查询模式

DNS查询模式主要分为递归查询和迭代查询两种，区别在于当DNS客户机向服务器发出 DNS 解析请求时，假设该 DNS 服务器在缓存或者区域数据库文件中无法解析该请求，由谁向另一台服务器发起新的解析请求。如果由服务器向另一个 DNS 服务器发送该请求，这种查询模式称为递归查询；如果由客户机向另一个 DNS 服务器发送该请求，这种查询模式称为迭代查询。

5. DNS 服务器的工作原理

假设需要解析的域名为 www. baidu. com，具体解析步骤如下（图 12－2）：

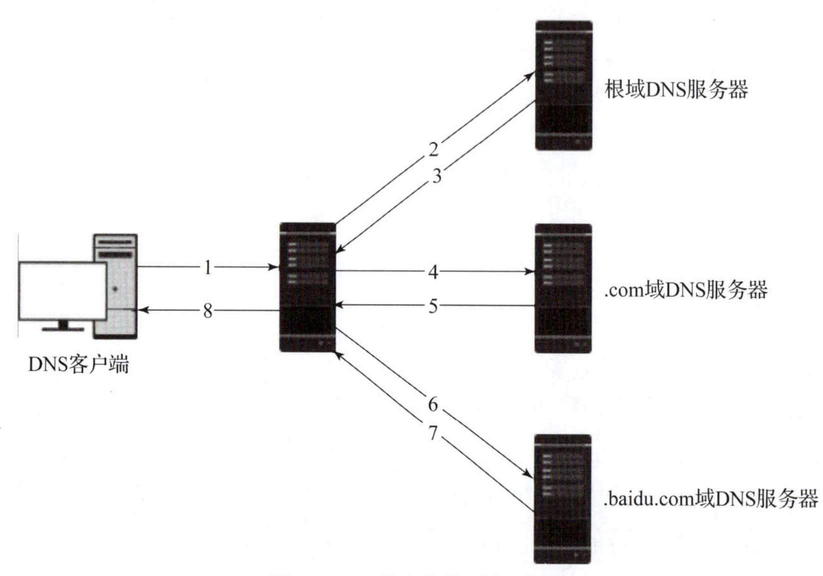

图 12－2　域名解析详细步骤

（1）客户端首先向本地 DNS 服务器 192. 168. 0. 1 直接查询域名 www. baidu. com 对应的 IP 地址。

（2）如果本地 DNS 服务器无法解析该域名，本地服务器先向根域服务器发出解析请求，查询 . com 域的 DNS 服务器地址。

（3）根域 DNS 服务器管理 . com、. net、. org 等顶级域名的地址解析，根域 DNS 服务器收到请求后，把解析结果返回给本地 DNS 服务器。

（4）本地 DNS 服务器得到解析结果后，向管理 . com 域的 DNS 服务器发出进一步的解析请求，要求得到 . baidu. com 的 DNS 服务器地址。

（5）管理 . com 域的 DNS 服务器把解析结果返回给本地 DNS 服务器。

（6）本地 DNS 服务器得到查询结果后，接着向管理 . baidu. com 域的 DNS 服务器发出解析具体主机 www 的请求，要求得到主机的 IP 地址。

（7）管理 . baidu. com 域的 DNS 服务器把解析结果返回给本地 DNS 服务器。

（8）本地 DNS 服务器得到了最终的查询结果，将解析结果返回给客户端，从而使客户端能够和远程主机通信。

6. hosts 文件

当没有 DNS 服务器时，hosts 文件可以用来处理当前主机的域名解析请求。hosts 文件由一系列的域名和 IP 地址对组成，因此，将常用的域名和 IP 地址对加入 hosts 文件可以加快

域名解析的速度。Linux系统中，hosts文件位于/etc目录下；Windows系统中，hosts文件位于c:\Windows\system32\drivers\etc目录下。

12.1.2　案例目标

（1）了解DNS服务的概述、分类及工作原理。
（2）掌握DNS服务的安装方法。
（3）掌握DNS服务的常用操作。

12.1.3　案例描述

在CentOS操作系统中配置本地yum源，安装DNS服务，并完成DNS服务的常用操作。

12.1.4　案例分析

Linux操作系统的DNS服务使用BIND（Berkeley Internet Name Domain，伯克利互联网域名）程序来实现，守护进程为named。CentOS操作系统的本地yum源中包含BIND程序相关的安装包，首先使用yum安装DNS服务，安装成功后，使用命令完成DNS的常用操作。

12.1.5　案例实施

1. 安装DNS服务

开启虚拟机，打开终端，使用yum安装DNS服务，命令如下：

```
[root@localhost ~]# yum install bind -y
```

如果成功安装，会有如下提示：

```
已安装:
  bind.x86_64 32:9.11.4-26.P2.el7

作为依赖被安装:
  python-ply.noarch 0:3.4-11.el7

完毕!
```

2. 查询状态

查询DNS服务状态的命令如下：

```
[root@localhost ~]# systemctl status named
● named.service - Berkeley Internet Name Domain (DNS)
   Loaded: loaded (/usr/lib/systemd/system/named.service; disabled; vendor preset: disabled)
   Active: inactive (dead)
```

3. 启动服务

启动DNS服务的命令如下：

```
[root@localhost ~]# systemctl  start  named
[root@localhost ~]# systemctl  status  named
● named.service - Berkeley Internet Name Domain (DNS)
   Loaded: loaded (/usr/lib/systemd/system/named.service; disabled; vendor preset: disabled)
   Active: active (running) since 二 2023-09-05 18:22:11 CST; 4s ago
  Process: 2924 ExecStart=/usr/sbin/named -u named -c ${NAMEDCONF} $OPTIONS (code=exited, status=0/SUCCESS)
  Process: 2922 ExecStartPre=/bin/bash -c if [ ! "$DISABLE_ZONE_CHECKING" == "yes" ]; then /usr/sbin/named-checkconf -z "$NAMEDCONF"; else echo "Checking of zone files is disabled"; fi (code=exited, status=0/SUCCESS)
 Main PID: 2926 (named)
   Tasks: 5
  CGroup: /system.slice/named.service
          └─2926 /usr/sbin/named -u named -c /etc/named.conf
…………
```

4. 停止服务

停止 DNS 服务的命令如下：

```
[root@localhost ~]# systemctl  stop  named
[root@localhost ~]# systemctl  status  named
● named.service - Berkeley Internet Name Domain (DNS)
   Loaded: loaded (/usr/lib/systemd/system/named.service; disabled; vendor preset: disabled)
   Active: inactive (dead)
…………
```

5. 重启服务

重启 DNS 服务的命令如下：

```
[root@localhost ~]# systemctl  restart  named
[root@localhost ~]# systemctl  status  named
● named.service - Berkeley Internet Name Domain (DNS)
   Loaded: loaded (/usr/lib/systemd/system/named.service; disabled; vendor preset: disabled)
   Active: active (running) since 二 2023-09-05 18:25:43 CST; 2s ago
  Process: 3014 ExecStart=/usr/sbin/named -u named -c ${NAMEDCONF} $OPTIONS (code=exited, status=0/SUCCESS)
  Process: 3012 ExecStartPre=/bin/bash -c if [ ! "$DISABLE_ZONE_CHECKING" == "yes" ]; then /usr/sbin/named-checkconf -z "$NAMEDCONF"; else echo "Checking of zone files is disabled"; fi (code=exited, status=0/SUCCESS)
 Main PID: 3016 (named)
   Tasks: 5
  CGroup: /system.slice/named.service
          └─3016 /usr/sbin/named -u named -c /etc/named.conf
…………
```

6. 重新加载

重新加载 DNS 服务配置的命令如下：

```
[root@localhost ~]# systemctl  reload  named
```

注意：运行重新加载 reload 命令前，必须保证 named 守护进程运行在当前内存中，否则，会出现“Job for named. service invalid.”的错误提示。

7. 查询是否自动加载

查询 DNS 服务是否自动加载的命令如下：

```
[root@localhost ~]# systemctl list-unit-files |grep named
named-setup-rndc.service                    static
named.service                                  disabled
systemd-hostnamed.service                   static
[root@localhost ~]#
```

可以看出，当前 DNS 服务开机不自启。

8. 设置自动加载

设置自动加载 DNS 服务的命令如下：

```
[root@localhost ~]# systemctl enable named
Created symlink from /etc/systemd/system/multi-user.target.wants/named.service to /usr/lib/systemd/system/named.service.
[root@localhost ~]# systemctl list-unit-files |grep named
named-setup-rndc.service                    static
named.service                                  enabled
systemd-hostnamed.service                   static
```

可以看出，当前 DNS 服务被设置为开机自启。

12.2 项目实训一：配置主 DNS 服务

12.2.1 知识准备

项目实训一：配置主 DNS 服务

1. DNS 服务器配置步骤

配置 DNS 服务器，需要以下几个步骤：

（1）安装 DNS 服务。

（2）编写主配置文件 named. conf。

（3）编写区域文件，该文件主要记录该区域的资源记录。

（4）重新启动 DNS 服务。

2. 主配置文件 named. conf

主配置文件 named. conf 主要由 options、logging 和 zone 三个部分组成，大致框架如下：

```
options {
        字段  字段值;
};
logging {
        字段  字段值
};
zone "区域名" {
        type 区域类型;
        file 区域文件名;
};
```

1）options

options 选项用来定义 DNS 服务器的全局选项。这个语句在每个配置文件中只有一处。如果出现多个 options 语句，则第一个 options 的配置有效，并且会产生一个警告信息。如果没有 options 语句，每个选项则使用默认值。常用的字段见表 12－1。

表 12－1　options 常用字段

示例	含义
listen－on port 53 {any;};	bind 在 53 号端口监听任何的 IPv4 地址
listen－on－v6 port 53 {::1;};	bind 在 53 号端口监听本机的 IPv6 地址
directory "/usr/local/bind";	服务器运行工作目录
dump－file "/var/named/data/cache_dump. db";	设置缓存转储的目录
statistics－file "/var/named/data/named_stats. txt";	记录统计信息文件
memstatistics－file "/var/named/data/named_mem_stats. txt";	内存使用情况的统计信息文件
recursing－file "/var/named/data/named. recursing";	递归查询转储的文件路径名
allow－query { localhost; };	允许本地主机查询
recursion yes;	允许递归查询
dnssec－enable yes;	支持 DNSSec 开关
dnssec－validation yes;	支持 DNSSec 确认开关
bindkeys－file "/etc/named. root. key";	DNSSec 启用管理密钥的文件
managed－keys－directory "/var/named/dynamic";	管理的密钥文件
pid－file "/run/named/named. pid";	服务器记录进程 ID 的文件
session－keyfile "/run/named/session. key";	会话密钥文件

注意：

由于 DNS 设计时没有考虑安装问题，所以引入 DNSSec。DNSSec（DNS Security Extension）

通过为 DNS 中的数据添加数字签名信息，使得客户机在得到应答信息后，可以通过检查此签名信息来判断应答数据是否权威和真实，从而为 DNS 数据提供数据来源验证和数据完整性校验，可以防止针对 DNS 的相关攻击。

2）logging

logging 定义了 bind 服务的日志。在默认情况下，bind 9 把日志消息写到/var/log/messages 文件中，而这些日志消息是非常少的，主要就是启动、关闭的日志记录和一些严重错误的消息，所以，要详细记录服务器的运行状况，需要自己配置服务器的日志行为，也就是要在配置文件 named. conf 中使用 logging 语句来定制自己所需的日志记录。常用的字段见表 12－2。

表 12－2 logging 常用字段

示例		含义

channel 通道名 {
字段
};
	file "data/named. run";	定义消息输出的文件路径

	print－time yes;	设定在日志中需要写入时间
	print－severity yes;	设定在日志中需要写入消息级别
	print－category yes;	设定在日志中需要写入日志类别
	severity dynamic;	定义消息输出的级别

category	category default {
	access_ log;
	};
		定义需要记录数据的类别

3）zone

zone 用来定义每个具体的解析区域。区域主要包括正向区域、反向区域和根区域。常用的字段有 type 和 file 两个，type 用来说明该区域的类型，file 用来说明区域的文件路径。其中，type 共有 6 种类型，见表 12－3。

表 12－3 type 类型

类型	含义
master	主服务器，具有区域数据文件，对区域进行管理
slave	辅助服务器，辅助 DNS 服务器会从主 DNS 服务器同步所有区域数据文件的副本
stub	与 slave 相似，但只复制 NS 记录
forward	每个域的配置转发的主要部分
hint	根域名服务器
delegation－only	用于强制区域的 delegation. ly 状态

根区域比较特殊，根区域名为“.”，类型为“hint”，根区域的区域文件为“named. ca”。因此，典型的根区域定义如下：

```
zone "." {
     type hint;
     file "named.ca";
};
```

3. 区域文件

一般每个区域都需要两个区域文件，即正向解析区域文件和反向解析区域文件。区域文件是 DNS 的数据库，其中包含着许多的 DNS 域资源信息的记录，这些记录被称为资源记录。常见的资源记录有以下几种类型：

1）SOA 资源记录

SOA（Start of Authority，起始授权）资源记录用于定义整个区域的全局设置，一个区域文件只允许存在一个 SOA 记录，它的格式如下：

```
区域名   IN SOA  主域名服务器(FQDN)  管理员邮件地址(
                    序列号      //区域文件版本号
                    刷新间隔    //单位是秒,默认为 900 秒
                    重试间隔    //单位是秒
                    过期间隔    //单位是秒,默认为 86400 秒
                    TTL)        //单位是秒,默认为 3600 秒
```

2）NS 资源记录

NS（Name Server，名称服务器）资源记录用来指定某一个区域的权威 DNS 服务器，每个区域至少要有一个 NS 记录，它的格式如下：

```
区域名   IN   NS   完整主机名(FQDN)
```

3）A 资源记录

A（Address，地址）资源记录存在于正向解析文件中，用于将 FQDN（Fully Qualified Domain Name，全程域名）映射为 IP 地址，它的格式如下：

```
完整主机名(FQDN)   IN   A   IP 地址
```

4）PTR 资源记录

PTR（Pointer，指针）资源记录存在于反向解析文件中，用于将 IP 地址映射为 FQDN，它的格式如下：

```
IP 地址   IN   PTR   完整主机名(FQDN)
```

5）MX 资源记录

MX（Mail Exchange，邮件交换）资源记录用于为邮件服务器提供 DNS 解析，它的格式如下：

```
区域名  IN  MX  优先级(数字)  邮件服务器名称(FQDN)
```

6）CNAME 资源记录

CNAME（Canonical Name，别名）资源记录用于为 FQDN 起别名，它的格式如下：

```
别名  IN  CNAME  主机名
```

12.2.2　案例目标

（1）掌握主服务器 DNS 服务的配置。

（2）掌握正向、反向解析文件的配置。

（3）掌握客户机的 DNS 测试方法。

12.2.3　案例描述

授权 DNS 服务器管理 ABC. com 区域，并把该区域的区域文件命名为 ABC. com. zone。DNS 服务器是 192. 168. 200. 5，Mail 服务器和 WWW 服务器是 192. 168. 200. 6。

12.2.4　案例分析

本案例共需要两台虚拟机：一台作为服务器，IP 地址为 192. 168. 200. 5，用于配置 DNS 服务，创建正向和反向区域文件；另一台作为客户机，IP 地址为 192. 168. 200. 10，用于测试 DNS 服务能否正常工作。

12.2.5　案例实施

1. 克隆虚拟机

参照 2. 1. 5 节案例实施中克隆虚拟机相关步骤，使用“配置好 yum 源、关闭防火墙、关闭 SELinux”的快照克隆两台虚拟机，虚拟机名称分别为 dnsserver、dnsclient，如图 12 – 3 所示。

图 12 – 3　克隆完成的虚拟机

2. 修改主机名（dnsserver、dnsclient）

在 dnsserver 虚拟机上修改主机名为 dnsserver，命令如下：

```
[root@localhost ~]# hostnamectl set-hostname dnsserver
[root@localhost ~]# bash
[root@dnsserver ~]#
```

在 dnsserver 虚拟机上修改主机名为 dnsclient，命令如下：

```
[root@localhost ~]# hostnamectl set-hostname dnsclient
[root@localhost ~]# bash
[root@dnsclient ~]#
```

3. 关闭防火墙、SELinux（dnsserver、dnsclient）

在 dnsserver 虚拟机上关闭防火墙和 SELinux 的命令如下：

```
[root@dnsserver ~]# systemctl stop firewalld
[root@dnsserver ~]# setenforce 0
setenforce: SELinux is disabled
```

在 dnsclient 虚拟机上关闭防火墙和 SELinux 的命令如下：

```
[root@dnsclient ~]# systemctl stop firewalld
[root@dnsclient ~]# setenforce 0
setenforce: SELinux is disabled
```

4. 配置网卡文件（dnsserver、dnsclient）

在 dnsserver 虚拟机上修改网卡文件，命令如下：

```
[root@dnsserver ~]# vi /etc/sysconfig/network-scripts/ifcfg-ens33
修改内容如下(如果没有,则添加):
BOOTPROTO=static
ONBOOT=yes
IPADDR=192.168.200.5
PREFIX=24
GATEWAY=192.168.200.2
DNS1=192.168.200.5
[root@dnsserver ~]#systemctl restart network
```

在 dnsclient 虚拟机上修改网卡文件，命令如下：

```
[root@dnsclient ~]# vi  /etc/sysconfig/network-scripts/ifcfg-ens33
修改内容如下(如果没有,则添加):
BOOTPROTO=static
ONBOOT=yes
IPADDR=192.168.200.10
PREFIX=24
GATEWAY=192.168.200.2
DNS1=192.168.200.5
[root@dnsclient ~]# systemctl restart network
```

5. 安装 bind 程序（dnsserver）

在 dnsserver 虚拟机上安装 bind 程序命令如下：

```
[root@dnsserver ~]# yum  install  bind -y
```

如果成功安装，会有如下提示：

```
已安装:
  bind.x86_64 32:9.11.4-26.P2.el7

作为依赖被安装:
  python-ply.noarch 0:3.4-11.el7

完毕!
```

6. 修改配置文件（dnsserver）

在 dnsserver 虚拟机上修改 bind 的配置文件 named. conf，命令如下：

```
[root@dnsserver ~]# vi  /etc/named.conf
修改内容如下:
    listen-on port 53 { any; };
    allow-query       { any; };
    dnssec-enable no;
    dnssec-validation no;
在文件末尾添加以下内容:

zone "ABC.com" IN {
      type master;
      file "ABC.com.zone";
};
zone "200.168.192.in-addr.arpa" IN {
      type master;
      file "200.168.192.in-addr.arpa.zone";
};
```

7. 创建区域文件（dnsserver）

（1）在 dnsserver 虚拟机上创建正向区域文件，命令如下：

```
[root@dnsserver ~]# cp /var/named/named.localhost /var/named/ABC.com.zone
[root@dnsserver ~]# vi  /var/named/ABC.com.zone
修改内容如下:
$TTL 1D
@  IN SOA  ABC.com. root.ABC.com (
                20230901    ; serial
                1D  ; refresh
                1H  ; retry
                1W  ; expire
                3H ); minimum
```

```
@    IN  NS  dns.ABC.com.
dns IN   A  192.168.200.5
mailIN  A  192.168.200.6
www IN  A  192.168.200.6
@    IN  MX 5  mail.ABC.com.
```

（2）在 dnsserver 虚拟机上创建反向区域文件，命令如下：

```
[root@dnsserver ~]# cp /var/named/named.loopback
/var/named/200.168.192.in-addr.arpa.zone
[root@dnsserver ~]# vi /var/named/200.168.192.in-addr.arpa.zone
修改内容如下：
$TTL 1D
@  IN SOA  200.168.192.in-addr.arpa. root.ABC.com (
                    20230901    ; serial
                    1D  ; refresh
                    1H; retry
                    1W; expire
                    3H ); minimum
@  IN  NS  dns.ABC.com.
@  IN  MX5  mail.ABC.com.
5  IN  PTRdns.ABC.com.
6  IN  PTRmail.ABC.com.
6  IN  PTRwww.ABC.com.
```

8. 修改所属组为 named（dnsserver）

在 dnsserver 虚拟机上修改配置文件、正向区域文件和反向区域文件的所属组为 named，命令如下：

```
[root@dnsserver ~]# chgrp named /etc/named.conf
[root@dnsserver ~]# chgrp named /var/named/ABC.com.zone
[root@dnsserver ~]# chgrp named /var/named/10.168.192.in-addr.arpa.zone
```

9. 重启服务（dnsserver）

在 dnsserver 虚拟机上重启 bind 服务，命令如下：

```
[root@dnsserver ~]# systemctl restart named
```

10. 验证（dnsclient）

在 dnsclient 虚拟机中进行验证，命令如下：

```
[root@dnsclient ~]# nslookup
> server
Default server: 192.168.200.5
Address: 192.168.200.5#53
```

从上述结果中可以看出，服务器的 IP 地址为 192.168.200.5。

```
 > dns.ABC.com
Server:      192.168.200.5
Address:192.168.200.5#53

Name:    dns.ABC.com
Address: 192.168.200.5
```

从上述结果中可以看出，域名 dns. ABC. com 被解析为 192. 168. 200. 5。

```
 > 192.168.200.5
5.200.168.192.in-addr.arpaname = dns.ABC.com.
```

从上述结果中可以看出，IP 地址 192. 168. 200. 5 被反向解析为域名 dns. ABC. com。

```
 > www.ABC.com
Server:    192.168.200.5
Address:192.168.200.5#53

Name:    www.ABC.com
Address: 192.168.200.6
```

从上述结果中可以看出，域名 www. ABC. com 被解析为 192. 168. 200. 6。

```
 > 192.168.200.6
6.200.168.192.in-addr.arpaname = mail.ABC.com.
6.200.168.192.in-addr.arpaname = www.ABC.com.
 >
```

从上述结果中可以看出，IP 地址 192. 168. 200. 6 被反向解析为域名 mail. ABC. com 和 www. ABC. com。

以上结果表明，主 DNS 服务器的正向、反向解析配置成功。

12. 3　项目实训二：配置辅助 DNS 服务

12. 3. 1　知识准备

项目实训二：配置辅助 DNS 服务

辅助 DNS 服务器是主 DNS 服务器的备份，辅助 DNS 服务器从主 DNS 服务器中复制区域文件数据，这些文件数据不可修改。当主 DNS 服务器发生故障时，辅助 DNS 服务器会代替主 DNS 服务器提供域名解析服务。

主 DNS 服务器和辅助 DNS 服务器之间的区域文件传输过程如下：

（1）当新的辅助 DNS 服务器加入时，其将向主 DNS 服务器发送完全区域传输请求。

（2）主 DNS 服务器响应传输请求，将区域文件完全传输到辅助 DNS 服务器，并更新 SOA 资源记录（序列号）。

（3）当区域的刷新间隔到期时，辅助 DNS 服务器发送 SOA 查询请求。

（4）主 DNS 服务器响应 SOA 查询请求。

（5）辅助 DNS 服务器检查响应中的 SOA 序列号。如果序列号改变，则向主服务器发送区域传输请求。

（6）主 DNS 服务器响应区域传输请求。主 DNS 服务器根据有无历史记录实施增量或完全区域传输。

12.3.2 案例目标

（1）了解区域文件传输的过程。

（2）掌握辅助 DNS 服务器的配置。

12.3.3 案例描述

在项目实训一的基础上，为主 DNS 服务器建立一台辅助 DNS 服务器。

12.3.4 案例分析

本案例在项目实训一的两台虚拟机基础上，添加一台虚拟机作为辅助 DNS 服务器，IP 地址为 192.168.200.100，通过修改配置文件将虚拟机设置为辅助 DNS 服务器。最后，关闭主 DNS 服务器，使用客户机测试 DNS 服务能否正常工作。

12.3.5 案例实施

1. 克隆虚拟机

参照 2.1.5 节案例实施中克隆虚拟机相关步骤，使用“配置好 yum 源、关闭防火墙、关闭 SELinux”的快照克隆一台虚拟机，虚拟机名称为 dnsserver1，如图 12－4 所示。

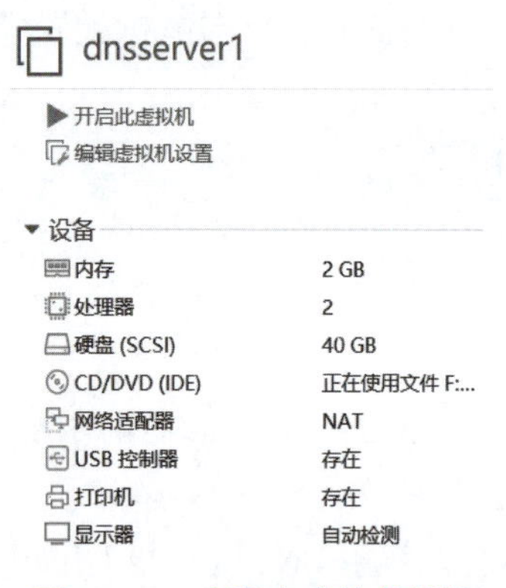

图 12－4 克隆完成的虚拟机

2. 修改主机名（dnsserver1）

在 dnsserver1 虚拟机上修改主机名为 dnsserver1，命令如下：

```
[root@localhost ~]# hostnamectl set-hostname dnsserver1
[root@localhost ~]# bash
[root@dnsserver1 ~]#
```

3. 关闭防火墙、SELinux（dnsserver1）

在dnsserver1虚拟机上关闭防火墙和SELinux的命令如下：

```
[root@dnsserver1 ~]# systemctl stop firewalld
[root@dnsserver1 ~]# setenforce 0
setenforce: SELinux is disabled
```

4. 配置网卡文件（dnsserver、dnsserver1、dnsclient）

在dnsserver虚拟机上修改网卡文件，命令如下：

```
[root@dnsserver ~]# vi  /etc/sysconfig/network-scripts/ifcfg-ens33
添加内容如下:
DNS2 =192.168.200.100
[root@dnsserver ~]#systemctl restart network
```

在dnsserver1虚拟机上修改网卡文件，命令如下：

```
[root@dnsserver1 ~]# vi  /etc/sysconfig/network-scripts/ifcfg-ens33
修改内容如下(如果没有,则添加):
BOOTPROTO = static
ONBOOT = yes
IPADDR = 192.168.200.100
PREFIX = 24
GATEWAY = 192.168.200.2
DNS1 = 192.168.200.5
DNS2 = 192.168.200.100
[root@dnsserver ~]#systemctl restart network
```

在dnsclient虚拟机上修改网卡文件，命令如下：

```
[root@dnsclient ~]# vi  /etc/sysconfig/network-scripts/ifcfg-ens33
添加内容如下:
DNS2 =192.168.200.100
[root@dnsclient ~]# systemctl  restart  network
```

5. 安装bind程序（dnsserver1）

在dnsserver虚拟机上安装bind程序命令如下：

```
[root@dnsserver1 ~]# yum  install  bind  -y
```

如果成功安装，会有如下提示：

```
已安装:
  bind.x86_64 32:9.11.4-26.P2.el7

作为依赖被安装:
  python-ply.noarch 0:3.4-11.el7

完毕!
```

6. 修改配置文件（dnsserver1）

在 dnsserver1 虚拟机上修改 bind 的配置文件 named. conf，命令如下：

```
[root@dnsserver1 ~]# vi /etc/named.conf
修改内容如下:
     listen-on port 53 { any; };
     allow-query       { any; };
     dnssec-enable no;
     dnssec-validation no;
在文件末尾添加以下内容:
zone "ABC.com" {
     type slave;
     file "slaves/ABC.com.zone";
     masters{192.168.200.5;};
};

zone "200.168.192.in-addr.arpa" {
     type slave;
     file "slaves/200.168.192.in-addr.arpa.zone";
     masters{192.168.200.5;};
};
```

7. 修改所属组为 named（dnsserver1）

在 dnsserver1 虚拟机上修改配置文件的所属组为 named，命令如下：

```
[root@dnsserver1 ~]# chgrp named /etc/named.conf
```

8. 重启服务（dnsserver、dnsserver1）

在 dnsserver 虚拟机上重启 bind 服务，命令如下：

```
[root@dnsserver ~]# systemctl restart named
```

在 dnsserver1 虚拟机上重启 bind 服务，命令如下：

```
[root@dnsserver1 ~]# systemctl restart named
```

9. 查看区域数据文件（dnsserver1）

查看是否将 dnsserver 虚拟机的区域文件复制到 dnsserver1 虚拟机中，命令如下：

```
[root@dnsserver1 ~]# ll  /var/named/slaves/
总用量 8
-rw-r--r-- 1 named named 424 9 月    7 20:33 200.168.192.in-addr.arpa.zone
-rw-r--r-- 1 named named 315 9 月    7 20:33 ABC.com.zone
```

10. 验证（dnsclient）

为了模拟主服务器故障，需要关闭 dnsserver 虚拟机。在 dnsclient 虚拟机中进行解析验证，命令如下：

```
[root@dnsclient ~]# nslookup
> server
Default server: 192.168.200.5
Address: 192.168.200.5#53
Default server: 192.168.200.100
Address: 192.168.200.100#53
```

从上述结果中可以看出，服务器的 IP 地址为 192.168.200.5 和 192.168.200.100。

```
> dns.ABC.com
Server:       192.168.200.100
Address:192.168.200.100#53

Name:    dns.ABC.com
Address: 192.168.200.5
```

从上述结果中可以看出，服务器的 IP 地址为 192.168.200.100，域名 dns.ABC.com 被解析为 192.168.200.5。

```
> 192.168.200.5
5.200.168.192.in-addr.arpaname = dns.ABC.com.
```

从上述结果中可以看出，IP 地址 192.168.200.5 被反向解析为域名 dns.ABC.com。

```
> www.ABC.com
Server:      192.168.200.100
Address:192.168.200.100#53

Name:    www.ABC.com
Address: 192.168.200.6
```

从上述结果中可以看出，服务器 IP 地址为 192.168.200.100，域名 www.ABC.com 被解析为 192.168.200.6。

```
> 192.168.200.6
6.200.168.192.in-addr.arpaname = mail.ABC.com.
6.200.168.192.in-addr.arpaname = www.ABC.com.
```

从上述结果中可以看出，IP 地址 192.168.200.6 被反向解析为域名 mail.ABC.com 和 www.ABC.com。

以上结果说明，辅助 DNS 服务器配置成功。

任务评价表

评价类型	赋分	序号	具体指标	分值	得分		
					自评	组评	师评
职业能力	55	1	DNS 服务安装及常用操作	10			
		2	配置主 DNS 服务器及验证	25			
		3	配置辅助 DNS 服务器及验证	20			
职业素养	20	1	坚持出勤，遵守纪律	5			
		2	协作互助，解决难点	5			
		3	按照标准规范操作	5			
		4	持续改进优化	5			
劳动素养	15	1	按时完成，认真填写记录	5			
		2	保持工位卫生、整洁、有序	5			
		3	小组分工合理性	5			
思政素养	10	1	完成思政素材学习《人民日报权威论坛：从网络大国走向网络强国》	10			
总分				100			

总结反思	
• 目标达成：知识　　　　能力　　　　素养	
• 学习收获：	• 教师寄语：
• 问题反思：	签字：

❖ 本章小结

本章主要介绍了 DNS 服务的相关知识，安装配置了 DNS 服务和常用操作，并列出了配置主 DNS 服务器、辅助 DNS 服务器和验证的具体操作步骤。

❖ 理论习题

1. DNS 能够接受用户输入的域名，然后自动去查找与之匹配的 IP 地址，此过程为________。DNS 也能通过 IP 地址找对应的域名，此过程为________。

2. DNS 服务的主配置文件名为________。

3. 在主配置文件中，________选项用来定义 DNS 服务器的全局选项，________定义了 bind 服务的日志，________用来定义每个具体的解析区域。

4. 主配置文件的 zone 模块中，type 字段用来说明该区域的类型，type 的 6 种类型分别为________、________、________、________、________和 delegation – only。

❖ 实践习题

1. 克隆 3 个虚拟机，分别为 dnsserver、dnsserver1 、dnsclient。

2. 在虚拟机 dnsserver 和 dnsserver1 中安装 DNS 服务。

3. 配置虚拟机 dnsserver 为主 DNS 服务器，创建相关区域文件。

4. 配置虚拟机 dnsserver 为辅助 DNS 服务器。

5. 验证主 DNS 服务器和辅助 DNS 服务器是否配置成功。

❖ 深度思考

1. 在配置 DNS 服务时，如果不关闭防火墙，对验证结果有影响吗？如何进行实践？

2. 在修改 DNS 服务主配置文件时，如果只添加正向解析或反向解析一个区域描述，解析结果会如何？区域解析文件名称可以随意命名吗？

3. 在配置辅助 DNS 服务器时，如果区域文件没有同步，可以从哪些方面进行错误排查？如何实际操作？

❖ 项目任务单

<table>
<tr><td>项目任务</td><td colspan="4"></td></tr>
<tr><td>小组名称</td><td colspan="2"></td><td>小组成员</td><td></td></tr>
<tr><td>工作时间</td><td colspan="2"></td><td>完成总时长</td><td></td></tr>
<tr><td colspan="5">项目任务描述</td></tr>
<tr><td colspan="5"></td></tr>
<tr><td rowspan="5">小组分工</td><td>姓名</td><td colspan="3">工作任务</td></tr>
<tr><td></td><td colspan="3"></td></tr>
<tr><td></td><td colspan="3"></td></tr>
<tr><td></td><td colspan="3"></td></tr>
<tr><td></td><td colspan="3"></td></tr>
<tr><td colspan="5">任务执行结果记录</td></tr>
<tr><td>序号</td><td colspan="2">工作内容</td><td>完成情况</td><td>操作员</td></tr>
<tr><td>1</td><td colspan="2"></td><td></td><td></td></tr>
<tr><td>2</td><td colspan="2"></td><td></td><td></td></tr>
<tr><td>3</td><td colspan="2"></td><td></td><td></td></tr>
<tr><td>4</td><td colspan="2"></td><td></td><td></td></tr>
<tr><td colspan="5">任务实施过程记录</td></tr>
<tr><td colspan="5"></td></tr>
</table>

第 13 章

配置与管理数据库服务

❖ 知识导读

在信息快速发展的时代，数据库成为现代应用开发中不可或缺的组成部分。数据库已经被广泛应用于网络搜索、图书查询、火车票预订等领域。本章将一起了解 Linux 中常见的数据库，学习如何在 Linux 虚拟机中的系统下安装 MariaDB 数据库及创建、删除和使用数据库相关常用操作。

❖ 知识目标

- 了解数据库的相关概念及功能。
- 掌握数据库服务的配置与管理。
- 熟练使用数据库常用的操作命令。

❖ 技能目标

- 会安装、启动、停止、重启与自启数据库服务。
- 能成功初始化及登录数据库服务。
- 能创建、删除和使用数据库、数据表。

❖ 思政目标

- 增强法律意识，提升职业素养和道德规范，培养诚信价值观。

“课程思政”链接
融入点：数据库安全　思政元素：职业素养和道德规范——安全法律意识，诚信价值观
讲述“IT 技术人员删库跑路”案例，引入数据库安全性及其面临的威胁，引导学生探索 IT 从业人员的职业道德规范及数据库安全性问题。随着互联网的快速发展，数据库在其中占据着非常重要的地位，在使用过程中如何有效存储并防止数据泄露、过期数据如何处理等问题都是数据库管理相关人员需要考虑的关键点。数据安全和隐私泄露等隐患不仅要求数据库管理相关人员技术过硬，还要求他们具有良好的职业道德和法律意识，具有较强的社会责任感和社会诚信，各个操作都要符合法律规定，保护用户信息，有所为，有所不为。
参考资料：《判了！国内「最牛删库跑路事件」程序员被判 6 年，公司损失近亿》

❖ 1＋X 证书考点

1＋X 云计算平台运维与开发职业技能等级要求（中级）

3. Linux 系统与服务构建运维	3.6 Linux 常用服务运维优化	（1）熟悉 MySQL 创建、管理数据库、表的基础命令。 （2）掌握 MySQL 进行备份、恢复数据库和表的基础运维命令。 （3）掌握 MySQL 数据库权限管理。

13.1 安装与配置数据库服务

13.1.1 知识准备

安装与配置数据库服务

数据库以结构化形式将数据有效地存储起来，并且独立于应用程序，这种结构有利于数据的共享与扩充。数据库服务由后台的数据库管理系统和一些必要的前台程序共同构成。

1. 数据库相关概念

（1）数据库是长期存储在计算机内的、有组织的、可共享的数据集合。

（2）数据库管理系统（DBMS）是位于用户与操作系统之间的数据管理软件。数据库管理系统是数据库系统的核心组成部分，是数据库与用户之间的接口，主要完成对数据库的操作与管理功能，实现数据库对象的创建，数据库存储数据的查询、添加、修改与删除操作，以及数据库的用户管理、权限管理等。DBMS 需要借助操作系统完成对硬件的访问，应用程序需在 DBMS 支持下才能使用数据库。

2. DBMS 的主要功能

DBMS 主要用于建立、使用和维护数据库，对数据库进行统一的管理和控制，以保证数据库的安全性和完整性。

（1）数据定义。DBMS 提供数据定义语言 DDL，供用户定义数据库的三级模式结构、两级映像、完整性约束和保密限制约束等。

（2）数据操作。DBMS 提供数据操作语言 DML，供用户实现对数据的追加、删除、更新、查询等操作。

（3）数据库的运行管理。数据库的运行管理功能是 DBMS 的运行控制、管理功能，包括多用户环境下的并发控制、安全性检查和存取限制控制、完整性检查和执行、运行日志的组织管理、事务的管理和自动恢复。

（4）数据组织、存储与管理。DBMS 要分类组织、存储和管理各种数据，包括数据字典、用户数据、存取路径等，需确定以何种文件结构和存取方式在存储级上组织这些数据。

3. 常见数据库类型

常见的数据库主要分成两种类型，即纯文本数据库和关系数据库。

1）纯文本数据库

使用逗号、分号、空格、制表符等符号来分隔数据的数据库称为纯文本数据库。因为只能顺序访问每一个数据，对于庞大的数据集来说，这将是非常费时的。如果数据量大到一定程度，这种数据库的维护将会变得非常麻烦。

2）关系型数据库

关系型数据库是指采用了关系模型来组织数据的数据库，其以行和列的形式存储数据，以便用户理解，关系型数据库这一系列的行和列被称为表，一组表组成了数据库。关系模型可以简单理解为二维表格模型，而一个关系型数据库就是由二维表及其之间的关系组成的一个数据组织。用户通过查询来检索数据库中的数据，而查询是用于限定数据库中某些区域的执行代码。

目前主流数据库均采用关系型数据库的形式。常见的大型关系数据库包括 Oracle、DB2、SQL Server 等，常见的中小型关系数据库包括 PostgreSQL、MySQL、Access 等，本章介绍的是可以免费使用的 MariaDB 数据库。

4. MySQL 数据库

MySQL 是一个关系型数据库管理系统，由瑞典 MySQL AB 公司开发，目前属于 Oracle 旗下公司。MySQL 是最流行的关系型数据库管理系统，在 Web 应用方面，MySQL 是最好的 RDBMS（Relational Database Management System，关系数据库管理系统）应用软件之一。

MySQL 所使用的 SQL 语言是用于访问数据库的最常用标准化语言，由于其体积小、速度快、总体拥有成本低，尤其是开放源码这一特点，一般中小型网站的开发都选择 MySQL 作为网站数据库。MySQL 软件采用了双授权政策，它分为社区版和商业版，其社区版的性能卓越，搭配 PHP 和 Apache 可组成良好的开发环境。

5. MariaDB 数据库

由于 Oracle 公司收购了 MySQL，有将 MySQL 闭源的潜在风险，因此，MySQL 开源社区采用分支的方式开发 MariaDB 数据库。

MariaDB 数据库是一款开源免费的数据库管理系统，用户可以自由使用、修改、开发，同时具有兼容性强、性能优越、安全性好、支持分布式数据库架构、能够处理大规模的数据存储和分析的优势。MariaDB 数据库可以完全兼容 MySQL 数据库，包括 API 和命令行，能够成为 MySQL 的代替品。

MariaDB 提供了广泛的功能，包括支持多种数据类型、复杂查询、索引、事务处理、高可用性、分布式处理、安全性等。MariaDB 还具有优秀的性能，能够处理大规模数据、高并发访问和复杂查询。另外，由于 MariaDB 是开源的，因此用户可以自由地修改和定制 MariaDB 来满足自己的需求。但是，MariaDB 数据库的社区支持不如 MySQL，生态系统相对较小，相比 MySQL 缺少一些可用的第三方工具和插件。同时，虽然 MariaDB 数据库的兼容性与 MySQL 几乎完全一致，但某些情况下需要进行适配和调整，在使用限制方面也不如 MySQL。

MariaDB 数据库适用于各种不同的场景，包括 Web 应用程序、大型企业应用、移动应用、电子商务网站、金融和医疗领域等。它可以在多种操作系统上运行，包括 Linux、

Windows、MacOS 等。另外，MariaDB 还可以与许多其他技术和应用程序集成，包括 PHP、Java、Python、Ruby 等。

13.1.2 案例目标

（1）了解数据库相关概念、分类及工作原理。
（2）掌握 MariaDB 数据库服务的安装方法。
（3）掌握 MariaDB 数据库服务的常用操作。

13.1.3 案例描述

在 Linux 虚拟机中安装 MariaDB 数据库服务，并完成 MariaDB 数据库服务的常用操作。

13.1.4 案例分析

Linux 操作系统的 MariaDB 数据库需要安装 mariadb 和 mariadb-server 两个程序。CentOS 操作系统的本地 yum 源中包含 mariadb 和 mariadb-server 程序相关的安装包，首先使用 yum 安装 MariaDB 服务，安装成功后，使用命令完成 MariaDB 服务的常用操作。

13.1.5 案例实施

1. 安装 MariaDB 数据库

参照 2.1.5 节案例实施中克隆虚拟机相关步骤，使用“配置好 yum 源、关闭防火墙、关闭 SELinux”的快照克隆一台虚拟机，开启虚拟机，打开终端，修改虚拟机名称为 mysql，命令如下：

```
[root@localhost ~]# hostnamectl set-hostname mysql
[root@localhost ~]# bash
[root@mysql ~]#
```

使用 yum 安装 MariaDB 服务，命令如下：

```
[root@mysql ~]# yum install mariadb mariadb-server -y
```

如果成功安装，会有如下提示：

```
已安装：
  mariadb.x86_64 1:5.5.68-1.el7          mariadb-server.x86_64 1:5.5.68-1.el7

作为依赖被安装：
  perl-DBD-MySQL.x86_64 0:4.023-6.el7

完毕！
```

2. 查询状态

查询 MariaDB 服务状态的命令如下：

```
[root@mysql ~]# systemctl status mariadb
● mariadb.service - MariaDB database server
   Loaded: loaded (/usr/lib/systemd/system/mariadb.service; disabled; vendor preset: disabled)
   Active: inactive (dead)
```

从查询结果可以看出，MariaDB 服务现在处于关闭状态。

3. 启动服务

启动 MariaDB 服务的命令如下：

```
[root@mysql ~]# systemctl start mariadb
[root@mysql ~]# systemctl status mariadb
● mariadb.service - MariaDB database server
   Loaded: loaded (/usr/lib/systemd/system/mariadb.service; disabled; vendor preset: disabled)
   Active: active (running) since 日 2023-09-10 03:44:39 CST; 3s ago
  Process: 2990 ExecStartPost=/usr/libexec/mariadb-wait-ready $MAINPID (code=exited, status=0/SUCCESS)
  Process: 2905 ExecStartPre=/usr/libexec/mariadb-prepare-db-dir %n (code=exited, status=0/SUCCESS)
 Main PID: 2988 (mysqld_safe)
   Tasks: 20
  CGroup: /system.slice/mariadb.service
          ├─2988 /bin/sh /usr/bin/mysqld_safe --basedir=/usr
          └─3153 /usr/libexec/mysqld --basedir=/usr --datadir=/var/lib/mysql --plug...
 …………
```

从查询结果可以看出，MariaDB 服务现在处于开启状态，说明开启 MariaDB 成功。

4. 停止服务

停止 MariaDB 服务的命令如下：

```
[root@mysql ~]# systemctl stop mariadb
[root@mysql ~]# systemctl status mariadb
● mariadb.service - MariaDB database server
   Loaded: loaded (/usr/lib/systemd/system/mariadb.service; disabled; vendor preset: disabled)
   Active: inactive (dead)
 …………
```

5. 重启服务

重启 MariaDB 服务的命令如下：

```
[root@mysql ~]# systemctl restart mariadb
[root@mysql ~]# systemctl status mariadb
● mariadb.service - MariaDB database server
```

```
       Loaded: loaded (/usr/lib/systemd/system/mariadb.service; disabled; vendor
preset: disabled)
       Active: active (running) since 日 2023-09-10 03:47:36 CST; 2s ago
      Process: 3296 ExecStartPost=/usr/libexec/mariadb-wait-ready $MAINPID
(code=exited, status=0/SUCCESS)
      Process: 3258 ExecStartPre=/usr/libexec/mariadb-prepare-db-dir %n (code=
exited, status=0/SUCCESS)
    Main PID: 3293 (mysqld_safe)
       Tasks: 20
      CGroup: /system.slice/mariadb.service
              ├─3293 /bin/sh /usr/bin/mysqld_safe --basedir=/usr
              └─3459 /usr/libexec/mysqld --basedir=/usr --datadir=/var/lib/
mysql --plug...
   …………
```

6. 查询是否自动加载

查询 MariaDB 服务是否自动加载的命令如下：

```
[root@mysql ~]# systemctl list-unit-files |grep mariadb
mariadb.service                                                  disabled
[root@mysql ~]#
```

可以看出，当前 MariaDB 服务开机不自启。

7. 设置自动加载

设置自动加载 MariaDB 服务的命令如下：

```
[root@mysql ~]# systemctl enable mariadb
Created symlink from /etc/systemd/system/multi-user.target.wants/mariadb.
service to /usr/lib/systemd/system/mariadb.service.
[root@mysql ~]# systemctl list-unit-files |grep mariadb
mariadb.service                                                  enabled
[root@mysql ~]#
```

可以看出，当前 MariaDB 服务被设置为开机自启。

13.2 项目实训：熟练使用数据库常用命令

13.2.1 知识准备

项目实训：熟练使用数据库常用命令

MySQL 数据库是关系型数据库的一种，MariaDB 数据库是 MySQL 数据库的分支，也遵循 SQL（Structured Query Language，结构化查询语言）标准，常用操作分为数据库管理、数据表结构管理、数据表内容管理和用户权限管理。

1. 数据库管理

数据库管理包括数据库的创建、使用、查看和删除等，具体命令格式及功能见表 13－1。

表 13－1　数据库管理常用命令

MySQL 命令	功能
show databases;	查看服务器中当前有哪些数据库
use 数据库名;	选择所使用的数据库
create database 数据库名;	创建数据库
drop database 数据库名;	删除指定的数据库

2. 数据表结构管理

数据表结构管理包括数据表的创建、查看、详细信息和删除等，具体命令格式及功能见表 13－2。

表 13－2　数据表结构管理常用命令

MySQL 命令	功能
create table 表名（字段设定列表）;	在当前数据库中创建数据表
show tables;	显示当前数据库中有哪些数据表
describe [数据库名 .]表名;	显示当前或指定数据库中指定数据表的结构（字段）信息
drop table [数据库名 .]表名;	删除当前或指定数据库中指定的数据表

3. 数据表内容管理

数据表内容管理包括数据表中记录的增加、修改、查看和删除等，具体命令格式及功能见表 13－3。

表 13－3　数据表内容管理常用命令

MySQL 命令	功能
insert into 表名（字段 1，字段 2，…）values（字段 1 的值，字段 2 的值，…）;	向数据表中插入新的记录
update 表名 set 字段名 1 = 字段值 1 [，字段名 2 = 字段值 2] where 条件表达式;	修改、更新数据表中的记录
select 字段名 1，字段名 2…from 表名 where 条件表达式;	从数据表中查找符合条件的记录
select * from 表名;	显示当前数据库的表中的记录
delete from 表名 where 条件表达式;	在数据表中删除指定的记录
delete from 表名;	将当前数据库表中的记录清空

4. 用户权限管理

数据库通过授权语句来定义用户对数据库的访问权限，授权语句包括 GRANT 和 REVOKE 两种命令。GRANT 命令用于授予用户访问数据库对象（表、视图、存储过程等）的权限。REVOKE 命令则用于撤回已经授予的权限。具体命令格式及功能见表 13－4。

表 13－4 用户权限管理常用命令

MySQL 命令	功能
grant 权限列表 on 数据库名 . 表名 to 用户名@ 来源地址 [identified by '密码']	向指定主机的指定用户授予指定数据库对象的操作权限
revoke 权限列表 on 数据库名 . 表名 from 用户名@ 域名或 IP 地址	撤回指定主机的指定用户对于数据库对象的操作权限

（1）权限列表：以逗号分隔权限符号，主要用户权限见表 13－5。

表 13－5 主要用户权限

权限符号	权限	权限符号	权限
select	读取表中数据	insert	向表中插入数据
update	更新表中数据	delete	删除表中的数据
index	创建或删除表的索引	create	创建新的数据库和表
alter	修改表的结构	grant	授予某些权限给其他用户
drop	删除现存的数据库和表	file	在数据库服务器上读取和写入文件
reload	重新装载授权表	process	查看当前执行的查询
shutdown	停止或关闭 MySQL 服务	all	具有全部权限

（2）数据库名 . 表名：可使用通配符“ * ”，例如“ * . * ”表示任意数据库中的任意表。

（3）用户名@ 来源地址：用于设置谁能登录，能从哪里登录。用户名不能使用通配符，但可使用连续的两个单引号来表示空字符串，可用于匹配任何用户；来源地址可使用“%”作为通配符，匹配某个域内的所有地址（如%. hnwy. com），或使用带掩码标记的网络地址（如 172. 16. 1. 0/16）；省略来源地址时，相当于“%”。

（4）授权命令中，如果省略“identified by”部分，新用户的密码将为空。

13. 2. 2 案例目标

（1）掌握数据库服务的初始化步骤。

（2）掌握数据库管理的常用命令操作。

（3）掌握数据表结构管理和数据表内容管理的常用命令操作。

（4）掌握用户授权和撤权的常用命令操作。

13.2.3 案例描述

在 Linux 虚拟机中安装 MariaDB 数据库服务，并完成数据库管理、数据表结构管理、数据表内容管理、用户权限管理的常用操作。

13.2.4 案例分析

本案例共需要 1 台虚拟机，安装 MariaDB 数据库服务并完成数据库初始化。在登录数据库后，完成数据库管理、数据表结构管理、数据表内容管理、用户权限管理的常用操作。

13.2.5 案例实施

1. 安装 MariaDB 数据库

参照 2.1.5 节案例实施中克隆虚拟机相关步骤，使用“配置好 yum 源、关闭防火墙、关闭 SELinux”的快照克隆一台虚拟机，开启虚拟机，打开终端，修改虚拟机名称为 mysql，命令如下：

```
[root@localhost ~]# hostnamectl set-hostname mysql
[root@localhost ~]# bash
[root@mysql ~]#
```

使用 yum 安装 MariaDB 服务，命令如下：

```
[root@mysql ~]# yum install mariadb mariadb-server -y
```

如果成功安装，会有如下提示：

```
已安装:
  mariadb.x86_64 1:5.5.68-1.el7          mariadb-server.x86_64 1:5.5.68-1.el7

作为依赖被安装:
  perl-DBD-MySQL.x86_64 0:4.023-6.el7

完毕!
```

2. 关闭防火墙、SELinux

```
[root@mysql ~]# systemctl stop firewalld
[root@mysql ~]# setenforce 0
setenforce: SELinux is disabled
```

3. 开启 MariaDB 服务

```
[root@mysql ~]# systemctl start mariadb
[root@mysql ~]# systemctl status mariadb
```

```
  ● mariadb.service - MariaDB database server
     Loaded: loaded (/usr/lib/systemd/system/mariadb.service; enabled; vendor preset: disabled)
     Active: active (running) since 一 2023-09-11 03:34:14 CST; 1min 42s ago
    Process: 1122 ExecStartPost=/usr/libexec/mariadb-wait-ready $MAINPID (code=exited, status=0/SUCCESS)
    Process: 969 ExecStartPre=/usr/libexec/mariadb-prepare-db-dir %n (code=exited, status=0/SUCCESS)
 Main PID: 1121 (mysqld_safe)
     Tasks: 20
    CGroup: /system.slice/mariadb.service
            ├─1121 /bin/sh /usr/bin/mysqld_safe --basedir=/usr
            └─1320 /usr/libexec/mysqld --basedir=/usr --datadir=/var/lib/mysql --plug...
 ............
```

4. 数据库初始化

使用 mysql_secure_installation 初始化数据库，命令如下：

```
[root@mysql ~]# mysql_secure_installation

NOTE: RUNNING ALL PARTS OF THIS SCRIPT IS RECOMMENDED FOR ALL MariaDB
      SERVERS IN PRODUCTION USE! PLEASE READ EACH STEP CAREFULLY!
.............................
Enter current password for root (enter for none):    #默认按回车键
OK, successfully used password, moving on...

Setting the root password ensures that nobody can log into the MariaDB
root user without the proper authorisation.

Set root password? [Y/n] y                      #是否设置密码
New password:                                      #输入数据库 root 密码 000000
Re-enter new password:
Password updated successfully!
Reloading privilege tables..
... Success!
.............................
Remove anonymous users? [Y/n] y                 #是否移除匿名用户
... Success!

Normally, root should only be allowed to connect from 'localhost'. This
ensures that someone cannot guess at the root password from the network.

Disallow root login remotely? [Y/n] n
... skipping.

By default, MariaDB comes with a database named 'test' that anyone can
access. This is also intended only for testing, and should be removed
before moving into a production environment.
```

```
Remove test database and access to it? [Y/n] y #是否移除测试数据库并移除权限
 - Dropping test database...
... Success!
 - Removing privileges on test database...
... Success!
Reloading the privilege tables will ensure that all changes made so far
will take effect immediately.

Reload privilege tables now? [Y/n] y          #是否重新加载特权表
... Success!

Cleaning up...

All done! If you've completed all of the above steps, your MariaDB
installation should now be secure.

Thanks for using MariaDB!
[root@mysql ~]#
```

如上结果表明，数据库初始化成功。

5. 登录数据库

在数据库初始化完成后，就可以使用数据库了，具体登录命令如下：

```
[root@mysql ~]# mysql -uroot -p000000
Welcome to the MariaDB monitor.  Commands end with ; or \g.
Your MariaDB connection id is 9
Server version: 5.5.68-MariaDB MariaDB Server

Copyright (c) 2000, 2018, Oracle, MariaDB Corporation Ab and others.

Type 'help;' or '\h' for help. Type '\c' to clear the current input statement.

MariaDB [(none)] >
```

上述mysql命令中，-uroot表示用户名为root，-p000000表示密码为000000。看到上述结果，表明数据库登录成功。

6. 常用命令

```
MariaDB [(none)] > show  databases;
+--------------------+
| Database           |
+--------------------+
| information_schema |
| mysql              |
| performance_schema |
+--------------------+
3 rows in set (0.01 sec)
```

上述命令为查看服务器中当前数据库，可以看到现有数据库共 3 个，分别是 information_schema、mysql 和 performance_schema。

```
MariaDB [(none)] > create database school;    #创建数据库 school
Query OK, 1 row affected (0.00 sec)
```

从上述结果可知，创建数据库 school 成功。

```
MariaDB [(none)] > show  databases;    #查看数据库 school 是否创建成功
+--------------------+
| Database           |
+--------------------+
| information_schema |
| mysql              |
| performance_schema |
| school             |
+--------------------+
4 rows in set (0.00 sec)
```

从上述结果可以看出，服务器中当前共 4 个数据库，比之前增加了一个 school。

```
MariaDB [(none)] > use school;
Database changed
MariaDB [school] >
```

上述命令为使用数据库 school，可以从结果中看出，之前的 none 变成现在的 school，说明已经成功进入数据库 school。

```
MariaDB [school] > create table student
    -> (id int not null primary key,
    -> name varchar(20),
    -> addr varchar(255));
Query OK, 0 rows affected (0.10 sec)

MariaDB [school] > show tables;
+------------------+
| Tables_in_school |
+------------------+
| student          |
+------------------+
1 row in set (0.00 sec)
```

从上述结果可以看出，创建数据表 student 成功。

```
MariaDB [school] > describe student;
+--------+---------------+-------+------+----------+--------+
| Field  | Type          | Null  | Key  | Default  | Extra  |
+--------+---------------+-------+------+----------+--------+
| id     | int(11)       | NO    | PRI  | NULL     |        |
| name   | varchar(20)   | YES   |      | NULL     |        |
| addr   | varchar(255)  | YES   |      | NULL     |        |
+--------+---------------+-------+------+----------+--------+
3 rows in set (0.01 sec)
```

上述结果显示数据表 student 的结构。

```
MariaDB [school] > insert into student
    -> values(1,"zhangsan","shanxijincheng");
Query OK, 1 row affected (0.00 sec)

MariaDB [school] > select * from student;
+----+----------+-----------------+
| id | name     | addr            |
+----+----------+-----------------+
|  1 | zhangsan | shanxijincheng  |
+----+----------+-----------------+
1 row in set (0.00 sec)
```

上述命令为向数据表 student 中插入 1 行数据，id 为 1，name 为 zhangsan，addr 为 shanxijincheng。

```
MariaDB [school] > insert into student values(2,"lisi","beijing");
Query OK, 1 row affected (0.00 sec)

MariaDB [school] > select * from student;
+----+----------+-----------------+
| id | name     | addr            |
+----+----------+-----------------+
|  1 | zhangsan | shanxijincheng  |
|  2 | lisi     | beijing         |
+----+----------+-----------------+
2 rows in set (0.00 sec)
```

上述命令为向数据表 student 中插入第 2 行数据成功。

```
MariaDB [school] > delete from student where id =1;
Query OK, 1 row affected (0.00 sec)
MariaDB [school] > select * from student;
+ ---- + ------ + --------- +
| id | name | addr    |
+ ---- + ------ + --------- +
|  2 | lisi | beijing |
+ ---- + ------ + --------- +
1 row in set (0.00 sec)
```

上述命令为删除数据表 student 中 id 为 1 的记录（行）。

```
MariaDB [school] > delete from student;
Query OK, 1 row affected (0.00 sec)

MariaDB [school] > select * from student;
Empty set (0.00 sec)
```

上述命令为删除数据表 student 中所有记录。

```
MariaDB [school] > drop table student;
Query OK, 0 rows affected (0.00 sec)

MariaDB [school] > show tables;
Empty set (0.00 sec)
```

上述命令为删除数据表 student，在查看数据库中的数据表时，结果显示为空。

```
MariaDB [school] > drop database school;
Query OK, 0 rows affected (0.00 sec)

MariaDB [(none)] > show databases;
+ -------------------- +
| Database           |
+ -------------------- +
| information_schema |
| mysql              |
| performance_schema |
+ -------------------- +
3 rows in set (0.00 sec)
```

上述命令为删除数据库 school，结果显示删除成功。

任务评价表

评价类型	赋分	序号	具体指标	分值	得分		
					自评	组评	师评
职业能力	55	1	数据库服务安装及常用操作	10			
		2	数据库初始化	10			
		3	创建数据库、数据表	10			
		4	插入数据、删除数据、查询数据	15			
		5	删除数据表、数据库	10			
职业素养	20	1	坚持出勤，遵守纪律	5			
		2	协作互助，解决难点	5			
		3	按照标准规范操作	5			
		4	持续改进优化	5			
劳动素养	15	1	按时完成，认真填写记录	5			
		2	保持工位卫生、整洁、有序	5			
		3	小组分工合理性	5			
思政素养	10	1	完成思政素材学习《判了！国内「最牛删库跑路事件」程序员被判 6 年，公司损失近亿》	10			
总分				100			

总结反思	
• 目标达成：知识　　　　　能力　　　　　素养	
• 学习收获：	• 教师寄语：
• 问题反思：	签字：

❖ 本章小结

本章首先介绍了数据库相关概念，详细说明了 MariaDB 数据库的安装、配置和常用操作，初始化并登录数据库完成数据库管理、数据表结构和内容管理的具体操作命令。

❖ 理论习题

1. ________是长期存储在计算机内的、有组织的、可共享的数据集合。

2. DBMS 的主要功能分别为________、________、________和________。

3. 安装 MariaDB 数据库需要安装________和________两个程序。

4. 创建新表格的命令为（　　）。

A. create database　　B. insert into

C. create table　　D. alter table

5. 向表格中插入记录的命令为（　　）。

A. update　　B. insert

C. alter　　D. delete

❖ 实践习题

1. 克隆一个虚拟机 mysql，并安装 MariaDB 服务。

2. 设置 MariaDB 服务开机为开机自启，启动 MariaDB 服务并查看服务状态。

3. 初始化数据库并登录数据库。

4. 在数据库中创建数据库 school，在数据库中创建数据表 teacher 和 student，具体结构如下。向表中插入相应数据，并分别查找性别为 female 的学生和老师，最后删除所有表格和数据库。

teacher

num	name	sex	age	addr	phone
1001	zhangsan	male	35	beijing	13088431572
1002	wangfang	female	29	zhengzhou	15677941285
1003	zhaoqin	female	58	hefei	14655238649

student

num	name	sex	age	addr	phone
2001	lisi	male	18	baoji	18755496632
2002	hanmeimei	female	17	taiyuan	13789771259

❖ 深度思考

1. 安装成功 MariaDB 服务后，如果不进行初始化，可以登录数据库吗？

2. 新建数据表和数据表插入的区别是什么？删除数据表和删除数据表内容的区别是什么？

❖ 项目任务单

<table>
<tr><td>项目任务</td><td colspan="4"></td></tr>
<tr><td>小组名称</td><td colspan="2"></td><td>小组成员</td><td></td></tr>
<tr><td>工作时间</td><td colspan="2"></td><td>完成总时长</td><td></td></tr>
<tr><td colspan="5">项目任务描述</td></tr>
<tr><td colspan="5"></td></tr>
<tr><td rowspan="5">小组分工</td><td>姓名</td><td colspan="3">工作任务</td></tr>
<tr><td></td><td colspan="3"></td></tr>
<tr><td></td><td colspan="3"></td></tr>
<tr><td></td><td colspan="3"></td></tr>
<tr><td></td><td colspan="3"></td></tr>
<tr><td colspan="5">任务执行结果记录</td></tr>
<tr><td>序号</td><td colspan="2">工作内容</td><td>完成情况</td><td>操作员</td></tr>
<tr><td>1</td><td colspan="2"></td><td></td><td></td></tr>
<tr><td>2</td><td colspan="2"></td><td></td><td></td></tr>
<tr><td>3</td><td colspan="2"></td><td></td><td></td></tr>
<tr><td>4</td><td colspan="2"></td><td></td><td></td></tr>
<tr><td colspan="5">任务实施过程记录</td></tr>
<tr><td colspan="5"></td></tr>
</table>

第 14 章 配置与管理Apache服务

❖ 知识导读

互联网，自从诞生之日起就开始深刻地影响着我们的生活方式，从简单的输入网址到后来搜索引擎的出现，从电脑到手机，互联网不断进化，已经渗透到我们生活的每个角落。因此，与我们生活联系最紧密的 Web 服务，将成为本章要学习的主要内容。Apache 是一种开源的 Web 服务器软件，经过多年来不断地完善，如今的 Apache 已成为目前最流行的 Web 服务器端软件之一。本章将从 Web 服务器的相关知识开始，逐步介绍怎样在 Linux 系统中利用 Apache 软件架设 Web 服务器。

❖ 知识目标

- 了解 Web 服务相关知识。
- 掌握 Apache 服务器的安装。
- 掌握 Apache 服务器的主配置。
- 掌握 Apache 服务器三种不同的虚拟主机。

❖ 技能目标

- 会安装 Apache 服务器。
- 能根据需要对 Apache 服务器的主配置文件进行修改。
- 会搭建三种不同的虚拟主机。

❖ 思政目标

- 培养 Web 服务器的安全意识及防范意识。

“课程思政”链接
融入点：Web 服务器的安全问题与威胁　思政元素：爱国守法——网络安全法治意识
在介绍 Web 服务器安全问题与面临的安全威胁内容时，专题嵌入 Web 服务器安全，强调 Web 服务器的安全性对于现代互联网的健康发展至关重要。随着网络攻击手段的不断提高，Web 服务器常常面临各种各样的安全威胁。Web 服务器的安全性需要采取有效的措施进行保护，包括输入验证、安装 Web 应用

程序防火墙、使用 HTTPS 协议、安装反病毒软件等。同时，也需要针对特定攻击方式进行防御，以确保 Web 服务器的安全。树立网络安全法治观念，遵纪守法。不攻击、侵入、干扰和破坏关键信息基础设施，不传播计算机病毒和不实施网络攻击、网络侵入等危害网络安全行为，维护网络空间安全和秩序，树立网络安全防范意识，不随意在网络中泄露个人信息、保护隐私，不随意单击未知链接、红包，不轻信中奖信息，防止网络黑客攻击等网络诈骗，不随意下载可疑文件，防止病毒和恶意软件。

参考资料：《Web 安全：常见安全问题和攻击方式以及防范措施》视频

❖ 1 + X 证书考点

网络系统软件应用与维护职业技能等级要求（中级）

Linux 操作系统应用服务部署	3.3 Apache 服务部署	3.3.1 能根据 Apache 服务部署工作任务要求，完成 Apache 服务程序的安装部署，Apache 服务正常启动。 3.3.2 能根据 Apache 服务部署工作任务要求，完成 Apache 服务部署的配置，配置结果符合任务要求。 3.3.3 能根据 Apache 服务部署工作任务要求，完成创建个人主页的配置，配置结果符合任务要求。

14.1 安装与配置 Apache 服务

14.1.1 知识准备

安装与配置 Apache 服务

1. Web 服务简介

万维网又称为 Web（World Wide Web，WWW），是在 Internet 上以超文本为基础形成的信息网，是 Internet 上被广泛应用的一种信息服务技术。采用的是客户机/服务器模式（C/S），所以有服务器端和客户端程序两部分。常用的服务器端程序有 Apache、Nginx、IIS 等，客户端用户只需要一个小小的 Web 浏览器，便可以畅享各种各样的应用。这个理念相比于传统应用程序简直是一个革命性的进步。因为这将省去了安装、升级等的烦恼，只需要一个网址，便可以方便地享受基于 Web 的应用带来的便利。常用的浏览器有 IE、Chrome、Firefox 等。

2. Apache

Apache 是一种开源的 Web 服务器软件，它可以运行在包括 UNIX、Linux 以及 Windows 在内的大多数主流计算机操作系统平台上，可以快速、可靠并且通过简单的 API 扩充，将 Perl/Python 等解释器编译到服务器中。由于其支持多平台和良好的安全性而被广泛使用，是目前最流行的 Web 服务器端软件之一。

与微软公司的 IIS（Internet Information Server）相比，它具有开放源代码的特点。经过

多年来不断地完善，如今的 Apache 已是最流行的 Web 服务器端软件之一。与 Linux 系统、PHP 动态网页实现技术及 MySQL 数据库结合，构成了著名 LAMP 组合，是构建低成本 Web 服务器的首选平台。

14.1.2　案例目标

（1）掌握 Apache 服务的安装。

（2）掌握 Apache 服务的使用。

14.1.3　案例描述

在 IP 地址为 192.168.200.10 的虚拟机中，搭建 Apache 服务器。

14.1.4　案例分析

1. 规划节点

Linux 操作系统的单节点规划见表 14-1。

表 14-1　节点规划

IP	主机名	节点
192.168.200.10	apache	Apache 节点

2. 基础准备

使用本地 PC 环境的 VMware Workstation 软件进行实操练习，镜像使用提供的 CentOS 7，yum 源采用本地 yum 源。虚拟机配置为 1 核/2 GB 内存/20 GB 硬盘。

14.1.5　案例实施

1. 修改主机名

使用远程连接工具 CRT 连接到 192.168.200.10 虚拟机，并进行修改主机名的操作，将 192.168.200.10 主机名修改为 apache，命令如下：

```
[root@localhost ~] # hostnamectl set -hostname apache
[root@localhost ~] #logout
[root@apache ~] #hostnamectl
        Static hostname:apache
…………
```

2. 关闭防火墙及 SELinux 服务

关闭防火墙 firewalld 及 SELinux 服务，命令如下：

```
[root@apache ~] #setenforce 0
[root@apache ~] #systemctl stop firewalld
```

3. 安装 Apache 服务

使用 CentOS -7 - x86_64 - DVD -1511. iso 文件自行配置本地 yum 源，配置完成后进行安装，命令如下：

```
[root@apache ~] #yum install - y httpd
```

如果安装成功，则显示如下信息：

```
已安装:
  httpd.x86_64 0:2.4.6 -17.el7
作为依赖被安装:
  apr.x86_64 0:1.4.8 -3.el7                apr -util.x86_64 0:1.5.2 -6.el7
  httpd -tools.x86_64 0:2.4.6 -17.el7      mailcap.noarch 0:2.1.41 -2.el7
完毕!
```

4. 启动 Apache 服务

安装完毕后，可以通过如下命令启动 Apache 服务器：

```
[root@apache ~]# systemctl start httpd
```

5. 查询 Apache 运行状态

如果要查询 Apache 服务器的运行状态，可以使用如下命令：

```
[root@apache ~]# systemctl status httpd
```

上述命令执行可能有两种结果，分别表示 Apache 服务器处于运行状态和停止状态：

```
httpd.service - The Apache HTTP Server
    Loaded: loaded (/usr/lib/systemd/system/httpd.service; disabled)
    Active: active (running) since 六 2022 -10 -29 23:10:56 CST; 21s ago    //运行中
httpd.service - The Apache HTTP Server
    Loaded: loaded (/usr/lib/systemd/system/httpd.service; disabled)
    Active: inactive (dead)       //停止
```

6. 停止 Apache 服务

Apache 服务器启动后，可以通过如下命令使其停止：

```
[root@apache ~]# systemctl stop httpd
```

7. 重启 Apache 服务

Apache 服务器可以通过如下命令重启：

```
[root@apache ~]# systemctl restart httpd
```

8. Apache 服务器重新加载配置

Apache 服务器可以通过如下命令重新加载配置：

```
[root @apache ~]# systemctl reload httpd
```

9. 开机自动启动 Apache 服务器

如果需要查询 Apache 服务器是否为自动启动，请使用如下命令：

```
[root@apache ~]# systemctl list-unit-files |grep httpd
```

上述命令有两种可能的执行结果，分别表示 Apache 服务器是否随 Linux 一起自动启动：

```
httpd.service        disabled  //不自动启动
httpd.service        enabled   //自动启动
```

如果需要设置 Apache 服务器自动启动，那么请使用如下命令：

```
[root @apache ~]# systemctl enable httpd
```

如果需要取消自动启动 Apache 服务器，请使用如下命令：

```
[root @apache ~]# systemctl disable httpd
```

10. 测试

安装完 Apache 服务器且成功启动后，打开浏览器，在地址栏中输入 http://192.168.200.10 或者 http://127.0.0.1 进行测试，结果如图 14-1 所示。

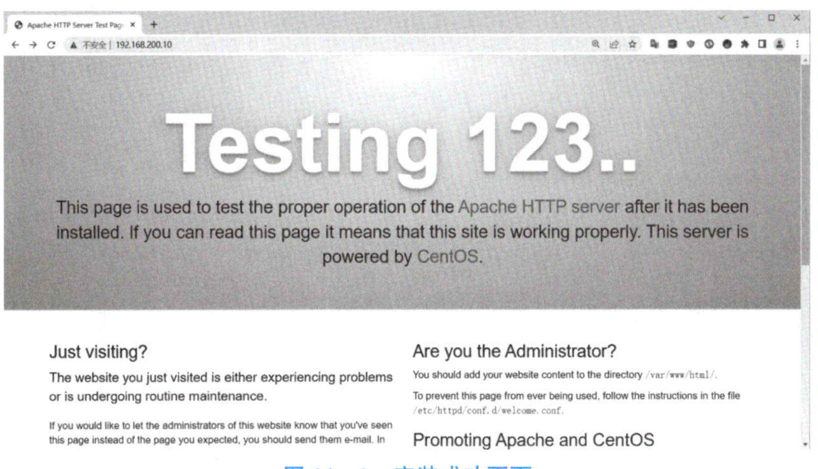

图 14-1 安装成功页面

14.2 项目实训一：配置 Apache 服务器

14.2.1 知识准备

默认情况下 Apache 服务器已经配置好，只需将主页存放到/var/www/html/目录中，运行 Apache 服务器后即可使用。如果需要修改 Apache 服务器的配置，则需要编辑修改 Apache 的主配置文件/etc/httpd/conf/httpd.conf，接下来对其进行详细介绍。

项目实训一：配置 Apache 服务器

1. Apache 服务器的主配置文件 httpd. conf

Apache 服务器的主配置文件 httpd. conf 位于/etc/httpd/conf 目录中，该文件主要由三部分组成，即全局环境配置、主服务配置和虚拟主机配置。

（1）全局环境配置。

此部分以“#ServerRoot:”作为开始标志，主要用于配置 Apache 的全局环境。

（2）主服务器配置，此部分以“#Main' serverconfiguration”作为开始标志，主要用于配置 Apache 的主服务器。

（3）虚拟主机配置，此部分介于 <VirtualHost> 与 </VirtualHost> 之间。

2. Apache 服务器的常规设置

1）根目录设置

主配置文件 httpd. conf 设置根目录的指令为 ServerRoot。根目录用来存放 Apache 的配置文件、日志文件和错误文件。如改变根目录为“/var/httpd”，可以这样设置：

```
ServerRoot  "/var/httpd"
```

2）超时设置

主配置文件 httpd. conf 超时设置的指令为 Timeout。这个指令用来设置接收和发送数据时的超时时间，其默认单位是秒。如果超过超时时间，客户端依然无法连接服务器，则断线。如设置超时时间为 150 秒，可以这样设置：

```
Timeout  150
```

3）客户端连接数目限制

限制客户端连接数目是为了防止服务器瘫痪。主配置文件 httpd. conf 连接数限制使用指令 MaxClient。如设置客户端连接数目为 128，可以这样设置：

```
MaxClient  128
```

4）设置管理员邮箱地址

当服务器发生错误时，通常需要向客户端反馈错误信息及管理员联系方式，以便联系管理员解决错误。设置管理员邮箱地址的指令为 ServerAdmin。如设置管理员邮箱地址为 admin@qq. com，可以这样设置：

```
ServerAdmin    admin@qq.com
```

5）设置主机名称

为了正确标明服务器的地址，防止启动 Apache 服务器时出现“Could not reliably determine the server's fully qualified domain name, using 127. 0. 0. 1 for ServerName”的错误提示，需要使用 ServerName 指令设置主机名称。如设置 ServerName 为 www. example. com:80，可以这样设置：

```
ServerName    www.example.com:80
```

6）设置文档目录

保存着网站所有内容的地方就是文档目录，文档目录通过指令 DocumentRoot 进行设置。如设置文档目录为“/var/www/html”，可以这样设置：

```
DocumentRoot  "/var/www/html"
```

7）设置首页

设置网站首页的指令为 DirectoryIndex。如设置网站首页为 idnex. jsp，可以这样设置：

```
DirectoryIndex  index.jsp  index2.htm
```

Apache 服务器会根据文件名的先后顺序调用。如果排在前面的没有查找到，则调用后面的。

14. 2. 2　案例目标

（1）了解 Apache 服务器的主配置文件。

（2）掌握 Apache 服务器主配置文件的设置。

14. 2. 3　案例描述

在 IP 地址为 192. 168. 200. 10 的 Apache 服务器中进行如下设置：

- 首页采用 index. html 文件。
- 管理员 E – mail 地址为 root@ localhost. edu。
- 网页的编码类型采用 UTF – 8。
- 所有网站资源都存放在/var/www/html 目录下。
- 将 Apache 的根目录设置为/etc/httpd 目录。
- 客户端访问超时时间设置为 120 秒。
- httpd 监听端口设置为 80。
- Web 服务器的主机名和监听端口设置为 192. 168. 200. 10:80。

14. 2. 4　案例分析

1. 规划节点

Linux 操作系统的单节点规划见表 14 – 2。

表 14 – 2　节点规划

IP	主机名	节点
192. 168. 200. 10	apache	Apache 节点

2. 基础准备

使用 14. 1 节安装好 Apache 服务器的虚拟机进行实操练习。

14.2.5 案例实施

（1）修改主配置文件 httpd.conf。

```
[root@apache ~]# vi /etc/httpd/conf/httpd.conf
ServerRoot "/etc/httpd"        //设置 Apache 的根目录为/etc/httpd
Timeout 120                    //设置客户端访问超时时间为 120 秒
Listen 80                 //设置 httpd 监听端口 80
ServerAdmin  root@localhost         //设置管理员 E-mail 地址为 root@localhost.com
ServerName  192.168.200.10:80       //设置 Web 服务器的主机名和监听端口
DocumentRoot  "/var/www/html"       //设置网页文档的主目录为/var/www/html
DirectoryIndex  index.html          //设置主页文件为 index.html
AddDefaultCharset  UTF-8            //设置服务器的默认编码为 UTF-8
```

（2）将制作好的首页文档存放到/var/www/html 目录中。

```
[root@apache ~]# echo "hello  world" > /var/www/html/index.html
```

（3）重新启动 httpd 服务。

```
[root@apache ~]# systemctl restart httpd
```

（4）测试。

在浏览器地址栏中输入 http://192.168.200.10 进行测试，结果如图 14-2 所示。

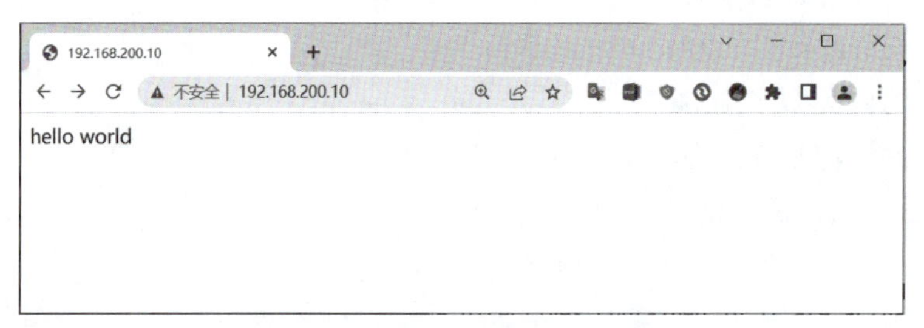

图 14-2 配置 Apache 测试页面

14.3 项目实训二：配置虚拟主机

14.3.1 知识准备

项目实训二：配置虚拟主机

所谓虚拟主机，是指在一台 Web 服务器上可以配置多个不同的 Web 站点，运行多个 Web 网站。Apache 支持的虚拟主机有三种类型，分别为域名型虚拟主机、端口型虚拟主机和 IP 型虚拟主机。

域名型虚拟主机只需服务器有一个 IP 地址，所有的虚拟主机共享同一个 IP，各虚拟主机之间通过域名进行区分。

IP 型虚拟主机需要在服务器上绑定多个 IP 地址，然后配置 Apache，将多个网站绑定在

不同的 IP 地址上，访问服务器上不同的 IP 地址，就可以看到不同的网站。

端口型虚拟主机只需服务器有一个 IP 地址，所有的虚拟主机共享同一个 IP，各虚拟主机之间通过不同的端口号进行区分。

14.3.2　案例目标

（1）了解 Apache 的虚拟主机。

（2）掌握域名型虚拟主机的配置。

（3）掌握端口型虚拟主机的配置。

（4）掌握 IP 型虚拟主机的配置。

14.3.3　案例描述

在 IP 地址为 192.168.200.10 的 Apache 服务器上进行如下设置：

◆ 创建域名型虚拟主机

创建基于 www.web1.com 和 www.web2.com 两个不同域名的虚拟主机，站点根目录分别为/var/www/web1 和/var/www/web2。

◆ 创建 IP 型虚拟主机

创建基于 192.168.200.10 和 192.168.200.11 两个不同 IP 地址的虚拟主机，站点根目录分别为/var/www/ip1 和/var/www/ip2。

◆ 创建端口型虚拟主机

创建基于 8088 和 8089 两个不同端口号的虚拟主机，站点根目录分别为/var/www/8088 和/var/www/8089。

14.3.4　案例分析

1. 规划节点

Linux 操作系统的单节点规划见表 14－3。

表 14－3　节点规划

IP	主机名	节点
192.168.200.10	apache	Apache 节点

2. 基础准备

使用 14.1 节安装好的 Apache 服务器的虚拟机进行实操练习。

14.3.5　案例实施

1. 创建域名型虚拟主机

（1）注册虚拟主机所要使用的域名，在这里，通过修改/etc/hosts 文件来实现。

```
[root@apache ~]#vi /etc/hosts
192.168.200.10   www.web1.com
192.168.200.10   www.web2.com
```

（2）创建站点根目录。

```
[root@apache ~]#mkdir -p /var/www/web1
[root@apache ~]#mkdir -p /var/www/web2
```

（3）创建默认的首页文件。

```
[root@apache ~]#echo "this is web1's web" > /var/www/web1/index.html
[root@apache ~]#echo "this is web2's web" > /var/www/web2/index.html
```

（4）修改 Apache 的配置文件/etc/httpd/conf/httpd. conf，在该文件的末尾添加如下内容：

```
[root@apache ~]#vi /etc/httpd/conf/httpd.conf
//定义域名为 www.web1.com 的虚拟主机
<VirtualHost 192.168.200.10 >
DocumentRoot /var/www/web1
ServerName www.web1.com
</VirtualHost >
//定义域名为 www.web2.com 的虚拟主机
<VirtualHost 192.168.200.10 >
DocumentRoot /var/www/web2
ServerName www.web2.com
</VirtualHost >
```

编辑完毕之后，保存退出。

（5）重新启动 httpd 服务。

```
[root@apache ~]#systemctl restart httpd
```

（6）测试。

在浏览器地址栏中分别输入 http://www. web1. com 和 http://www. web2. com 进行测试，结果如图 14－3 所示。

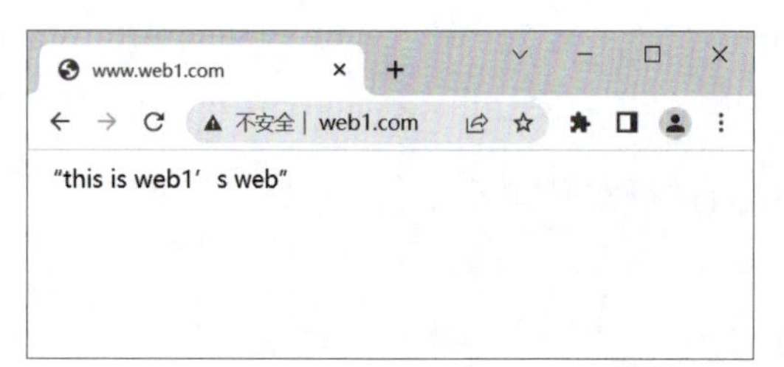

图 14－3　域名型虚拟主机

小提示：

若用 Windows 系统的浏览器进行测试，需要在 C:\Windows\System32\drivers\etc\hosts 文件中添加域名解析。

2. 创建 IP 型虚拟主机

（1）已知该服务器已经有一个 IP 地址 192.168.200.10，现在给其绑定另外一个 IP 地址 192.168.200.11。

```
[root@apache ~]#ip a            //查看网卡名称
[root@apache ~]# ifconfig eno16777736:0 192.168.200.11 netmask 255.255.255.0
```

小提示：

若 ifconfig 命令不可用，可以先用命令 yum install -y net-tools 进行安装。

（2）创建站点根目录。

```
[root@apache ~]#mkdir -p /var/www/ip1
[root@apache ~]#mkdir -p /var/www/ip2
```

（3）创建默认的首页文件。

```
[root@apache ~]#echo "this is ip1's web" > /var/www/ip1/index.html
[root@apache ~]#echo "this is ip2's web" > /var/www/ip2/index.html
```

（4）修改 Apache 的配置文件/etc/httpd/conf/httpd.conf，内容如下：

```
[root@apache ~]#vi /etc/httpd/conf/httpd.conf
//定义 IP 地址为 192.168.200.10 的虚拟主机
<VirtualHost 192.168.200.10 >
DocumentRoot /var/www/ip1
</VirtualHost >
//定义 IP 地址为 192.168.200.11 的虚拟主机
<VirtualHost 192.168.200.11 >
DocumentRoot /var/www/ip2
</VirtualHost >
```

编辑完毕之后，保存退出。

（5）重新启动 httpd 服务。

```
[root@apache ~]#systemctl restart httpd
```

（6）测试。

在浏览器地址栏中分别输入 http://192.168.200.10 和 http://192.168.200.11 进行测试，结果如图 14－4 所示。

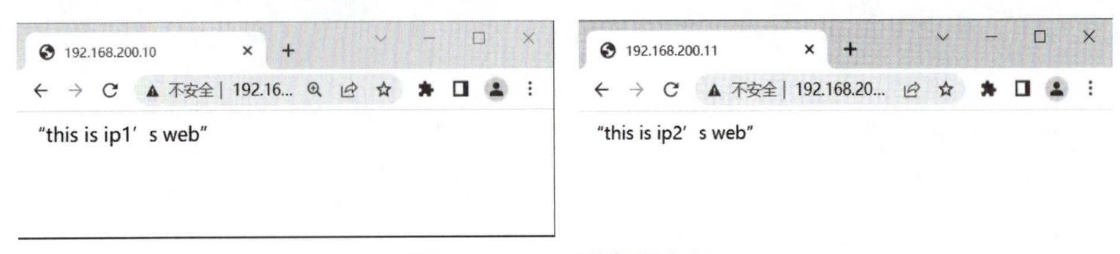

图 14－4　IP 型虚拟主机

3. 创建端口型虚拟主机

（1）创建站点根目录。

```
[root@apache ~]#mkdir -p /var/www/8088
[root@apache ~]#mkdir -p /var/www/8089
```

（2）创建默认的首页文件。

```
[root@apache ~]#echo "this is 8088 port's web" > /var/www/8088/index.html
[root@apache ~]#echo "this is 8089 port's web" > /var/www/8089/index.html
```

（3）修改 Apache 的配置文件/etc/httpd/conf/httpd.conf，添加内容如下：

```
[root@apache ~]#vi /etc/httpd/conf/httpd.conf
//定义监听端口
Listen 8088
Listen 8089
//定义端口为 8088 的虚拟主机
<VirtualHost 192.168.200.10:8088 >
DocumentRoot /var/www/8088
</VirtualHost >
//定义端口为 8089 的虚拟主机
<VirtualHost 192.168.200.10:8089 >
DocumentRoot /var/www/8089
</VirtualHost >
```

编辑完毕之后，保存退出。

（4）重新启动 httpd 服务。

```
[root@apache ~]#systemctl restart httpd
```

（5）测试。

在浏览器地址栏中分别输入 http://192.168.200.10:8088 和 http://192.168.200.10:8089 进行测试，结果如图 14－5 所示。

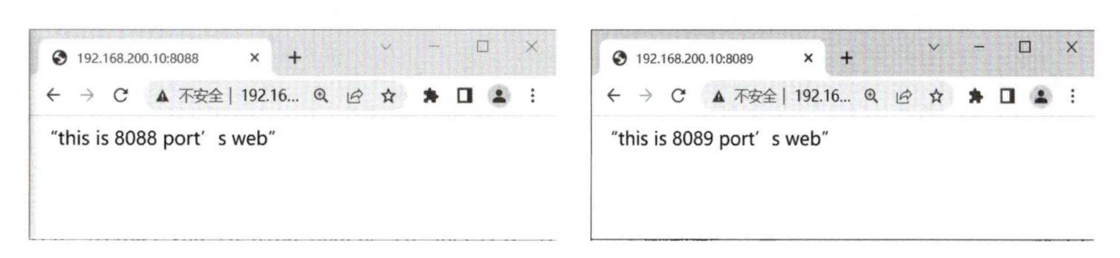

图 14－5　端口型虚拟主机

任务评价表

评价类型	赋分	序号	具体指标	分值	得分		
					自评	组评	师评
职业能力	55	1	系统集成方案设计合理	15			
		2	系统流程图设计正确	10			
		3	网络安全防护方案合理	10			
		4	网络拓扑结构选择合理	10			
		5	网络拓扑结构搭建正确	10			
职业素养	20	1	坚持出勤，遵守纪律	5			
		2	协作互助，解决难点	5			
		3	按照标准规范操作	5			
		4	持续改进优化	5			
劳动素养	15	1	按时完成，认真填写记录	5			
		2	保持工位卫生、整洁、有序	5			
		3	小组分工合理性	5			
思政素养	10	1	完成思政素材学习	4			
		2	完成“网络安全法治意识”小测评	6			
总分				100			

<table>
<tr><td colspan="2">总结反思</td></tr>
<tr><td colspan="2">• 目标达成：知识　　　　　能力　　　　　素养</td></tr>
<tr><td>• 学习收获：</td><td rowspan="2">• 教师寄语：

签字：</td></tr>
<tr><td>• 问题反思：</td></tr>
</table>

❖ 本章小结

本章介绍了安装部署 Apache 服务器的详细方法。首先介绍了如何安装 Apache 服务器，然后介绍了 Apache 服务器的主配置文件 httpd. conf 的结构和常用设置。httpd. conf 主要分为三个设置区，分别是全局环境设置区域、主服务器设置区域和虚拟主机设置区域，最后介绍了三种不同的虚拟主机并进行了配置，实现了单机多域名服务，提高了服务器的利用率。

❖ 理论习题

1. Web 服务器使用的协议是________，英文全称是________，中文名称是________。
2. HTTP 请求的默认端口是________。
3. 在命令行控制台窗口，输入________命令打开 Linux 网络配置窗口。
4. ________命令可以用于配置 Linux 操作系统启动时自动启动 httpd 服务。
5. 安装 Apache 服务器时，默认的 Web 站点的目录为________。
6. 在 Apache 基于用户名的访问控制中，生成用户密码文件的命令是________。

❖ 实践习题

建立 Web 服务器，同时建立一个名为/test 的虚拟目录，并完成以下设置。

（1）设置 Apache 根目录为/etc/httpd。

（2）设置首页名称为 test. html。

（3）设置超时时间为 240 秒。

（4）设置客户端连接数为 500。

（5）设置管理员 E－mail 地址为 root@smile. com。

（6）设置虚拟目录对应的实际目录为/linux/apache。

（7）将虚拟目录设置为仅允许 192. 168. 100. 0/24 网段的客户端访问。

（8）分别测试 Web 服务器和虚拟目录。

❖ 深度思考

1. Apache 服务中，普通目录和虚拟目录有什么区别？虚拟目录有什么好处？
2. Apache 服务配置的步骤有哪些？过程中有哪些注意事项？
3. 在配置服务的过程中，列举有哪些能力得到提升。

❖ 项目任务单

<table>
<tr><td>项目任务</td><td colspan="4"></td></tr>
<tr><td>小组名称</td><td colspan="2"></td><td>小组成员</td><td></td></tr>
<tr><td>工作时间</td><td colspan="2"></td><td>完成总时长</td><td></td></tr>
<tr><td colspan="5">项目任务描述</td></tr>
<tr><td colspan="5"></td></tr>
<tr><td rowspan="5">小组分工</td><td>姓名</td><td colspan="3">工作任务</td></tr>
<tr><td></td><td colspan="3"></td></tr>
<tr><td></td><td colspan="3"></td></tr>
<tr><td></td><td colspan="3"></td></tr>
<tr><td></td><td colspan="3"></td></tr>
<tr><td colspan="5">任务执行结果记录</td></tr>
<tr><td>序号</td><td colspan="2">工作内容</td><td>完成情况</td><td>操作员</td></tr>
<tr><td>1</td><td colspan="2"></td><td></td><td></td></tr>
<tr><td>2</td><td colspan="2"></td><td></td><td></td></tr>
<tr><td>3</td><td colspan="2"></td><td></td><td></td></tr>
<tr><td>4</td><td colspan="2"></td><td></td><td></td></tr>
<tr><td colspan="5">任务实施过程记录</td></tr>
<tr><td colspan="5"></td></tr>
</table>

第 15 章

配置与管理FTP服务

❖ 知识导读

在工作和生活中，我们经常需要在不同设备间传输文件，而 FTP 服务正是解决这一需求的重要工具之一。让我们先来思考一个问题：当你需要将一个文件从一个电脑发送到另一个电脑时，你会选择是用什么方式呢？也许有人会选择通过邮件发送，那么没有更高效、方便的方法呢？当然有，那就是 FTP 服务。FTP 即文件传输协议，是一种用于在网络上进行文件传输的协议。它可以让我们在不同设备之间轻松共享和传输文件，不论是图片、文档还是视频等。无论是网站维护、文件备份还是远程办公，FTP 服务都发挥着重要的作用。

❖ 知识目标

➢ 了解 FTP 服务相关知识。
➢ 掌握 FTP 服务器的安装。
➢ 掌握 FTP 服务器的配置。

❖ 技能目标

➢ 会安装 FTP 服务器。
➢ 能根据需要对 FTP 服务器的主配置文件进行修改。

❖ 思政目标

➢ 培养学生的网络伦理意识。

“课程思政”链接
融入点：FTP 服务器的网络伦理问题　思政元素：尊重他人——网络伦理意识
在介绍 FTP 服务器内容时，专题嵌入 FTP 服务器网络伦理问题。网络伦理观念是指人们在网络空间中应该遵循的道德准则和行为规范。在今天这个信息时代，网络已经成为人们日常生活中不可或缺的一部分，网络伦理观念的重要性也愈发凸显。在配置 FTP 服务时，学生应该树立良好的网络伦理观念，始终保持负责任的态度。学生需要尊重他人的隐私。在配置 FTP 服务时，学生可能会接触到用户的个人信息和敏感数据，这些信息应该得到严格保护。学生应该尊重用户的隐私，不得泄露用户的个人信息和数据。

学生不应进行网络攻击行为。网络攻击行为包括但不限于黑客攻击、网络钓鱼、网络诈骗等，这些行为不仅会对用户造成损失，也会对网络安全造成威胁。学生应该意识到这些行为的危害性，不得进行网络攻击行为。学生不应传播有害信息。有害信息包括色情、暴力、违法信息等，这些信息会对社会产生负面影响，对青少年的健康成长也会造成不良影响。学生应该自觉抵制有害信息，不得传播这些信息。学生应该遵循网络伦理规范，做一个负责任的网络公民。在网络空间中，学生的行为会对他人产生影响，应该树立正确的价值观和道德观念，做一个遵纪守法、尊重他人、积极向上的网络公民。

❖ 1+X 证书考点

1+X 云计算平台运维与开发职业技能等级要求（中级）

配置与管理 FTP 服务	15.1　安装与配置 FTP 服务	1. 安装 FTP 服务。 2. 修改 FTP 服务主配置文件。

15.1 安装与配置 FTP 服务

15.1.1　知识准备

安装与配置 FTP 服务

1. FTP 服务简介

FTP（File Transfer Protocol，文件传输协议）是 TCP/IP 协议组中的协议之一。FTP 协议包括两个组成部分，其一为 FTP 服务器，其二为 FTP 客户端。其中，FTP 服务器用来存储文件，用户可以使用 FTP 客户端通过 FTP 协议访问位于 FTP 服务器上的资源。在开发网站的时候，通常利用 FTP 协议把网页或程序传到 Web 服务器上。此外，由于 FTP 传输效率非常高，在网络上传输大的文件时，一般也采用该协议。

2. FTP 服务工作过程

FTP 服务的具体工作过程如下。

（1）客户端向服务器发出连接请求，同时，客户端系统动态地打开一个大于 1024 的端口等候服务器连接（比如 1031 端口）。

（2）若 FTP 服务器在端口 21 侦听到该请求，则会在客户端 1031 端口和服务器的 21 端口之间建立起一个 FTP 会话连接。

（3）当需要传输数据时，FTP 客户端再动态地打开一个大于 1024 的端口（比如 1032 端口）连接到服务器的 20 端口，并在这两个端口之间进行数据的传输。当数据传输完毕后，这两个端口会自动关闭。

（4）当 FTP 客户端断开与 FTP 服务器的连接时，客户端上动态分配的端口将自动释放。

15.1.2　案例目标

（1）掌握 FTP 服务的安装。
（2）掌握 FTP 服务的使用。

15.1.3　案例描述

在 IP 地址为 192.168.200.10 的虚拟机中，搭建 FTP 服务器。

15.1.4　案例分析

1. 规划节点

Linux 操作系统的单节点规划见表 15-1。

表 15-1　节点规划

IP	主机名	节点
192.168.200.10	localhost	FTP 节点

2. 基础准备

使用本地 PC 环境的 VMware Workstation 软件进行实操练习，镜像使用提供的 CentOS 7，yum 源采用本地 yum 源。

15.1.5　案例实施

（1）首先检测系统是否已经安装了 FTP 相关软件。

```
[root@localhost ~]# rpm -qa |grep vsftpd
```

（2）如果系统还没有安装 FTP 软件包，可以使用 yum 命令安装所需软件包。

①挂载 ISO 安装镜像。

```
[root@localhost ~]# mkdir /opt/centos
[root@localhost ~]# mount /dev/cdrom /opt/centos
```

②制作用于安装的 yum 源文件。

```
[root@localhost ~]# rm -vf /etc/yum.repos.d/*
[root@localhost ~]# vim /etc/yum.repos.d/local.repo
```

（3）使用 yum 命令查看 FTP 软件包的信息。

```
[root@localhost ~]# yum info vsftpd
```

（4）使用 yum 命令安装 vsftpd 服务。

```
[root@localhost ~]# yum clean all
[root@localhost ~]# yum list
[root@localhost ~]# yum  install  vsftpd  -y
```

软件包安装完毕之后，可以使用 rpm 命令再一次进行查询：rpm -qa | grep vsftpd。

```
[root@localhost iso]# rpm -qa |grep vsftpd
```

1. 启动 FTP 服务

安装完毕后，可以通过如下命令启动 FTP 服务器：

```
[root@localhost ~]# systemctl start vsftpd
```

2. 查询 FTP 运行状态

如果要查询 FTP 服务器的运行状态，可以使用如下命令：

```
[root@localhost ~]# systemctl status vsftpd
```

3. 停止 FTP 服务

FTP 服务器启动后，可以通过如下命令使其停止：

```
[root@localhost ~]# systemctl stop vsftpd
```

4. 重启 FTP 服务

FTP 服务器可以通过如下命令重启：

```
[root@localhost ~]# systemctl restart vsftpd
```

5. FTP 服务器重新加载配置

FTP 服务器可以通过如下命令重新加载配置：

```
[root@localhost ~]# systemctl reload vsftpd
```

6. 开机自动启动 FTP 服务器

如果需要查询 FTP 服务器是否为自动启动，使用如下命令：

```
[root@localhost ~]# systemctl list-unit-files |grep vsftpd
```

如果需要设置 FTP 服务器自动启动，使用如下命令：

```
[root@localhost ~]# systemctl enable vsftpd
```

如果需要取消自动启动 FTP 服务器，使用如下命令：

```
[root@localhost ~]# systemctl disable vsftpd
```

15.2 项目实训一：配置 FTP 服务器

15.2.1 知识准备

项目实训一：配置 FTP 服务器

1. 主配置文件 vsftpd. conf

FTP 服务的主配置文件存储在/etc/vsftpd 目录下，名称为 vsftpd. conf，常用参数及作用见表 15 – 2。

表 15 – 2　主配置文件参数及作用

参数	作用
listen = [YES|NO]	是否以独立运行的方式监听服务
listen_address = IP 地址	设置要监听的 IP 地址
listen_port = 21	设置 FTP 服务的监听端口
download_enable = [YES|NO]	是否允许下载文件
userlist_enable = [YES|NO] userlist_deny = [YES|NO]	设置用户列表为“允许”还是“禁止”操作
max_clients = 0	最大客户端连接数，0 为不限制
max_per_ip = 0	同一 IP 地址的最大连接数，0 为不限制
anonymous_enable = [YES|NO]	是否允许匿名用户访问
anon_upload_enable = [YES|NO]	是否允许匿名用户上传文件
anon_umask = 022	匿名用户上传文件的 umask 值
anon_root = /var/ftp	匿名用户的 FTP 根目录
anon_mkdir_write_enable = [YES|NO]	是否允许匿名用户创建目录
anon_other_write_enable = [YES|NO]	是否开放匿名用户的其他写入权限（包括重命名、删除等操作权限）
anon_max_rate = 0	匿名用户的最大传输速率（B/s），0 为不限制
local_enable = [YES|NO]	是否允许本地用户登录 FTP
local_umask = 022	本地用户上传文件的 umask 值
local_root = /var/ftp	本地用户的 FTP 根目录
chroot_local_user = [YES|NO]	是否将用户权限禁锢在 FTP 目录，以确保安全
local_max_rate = 0	本地用户最大传输速率（B/s），0 为不限制

2. PAM 认证文件/etc/pam. d/vsftpd

vsftpd 的 Pluggable Authentication Modules（PAM）配置文件，主要用来加强 vsftpd 服务器的用户认证。

3. 禁止使用的用户列表文件/etc/vsftpd/ftpusers

所有位于此文件内的用户都不能访问 vsftpd 服务。当然，为了安全起见，这个文件中默认已经包括了 root、bin 和 daemon 等系统账号。

4. /etc/vsftpd/user_list 文件

当 userlist_deny = NO 时，仅允许文件列表中的用户访问 FTP 服务器。

当 userlist_deny = YES 时，这也是默认值，拒绝文件列表中的用户访问 FTP 服务器。

5. 匿名用户主目录/var/ftp

vsftpd 提供服务的文件集散地，它包括一个 pub 子目录。在默认配置下，所有的目录都是只读的，只有 root 用户有写权限。

15. 2. 2　案例目标

（1）了解 FTP 服务器的主配置文件。

（2）掌握 FTP 服务器主配置文件的设置。

15. 2. 3　案例描述

搭建一台 FTP 服务器，允许匿名用户上传和下载文件，匿名用户的根目录设置为/var/ftp。

通过修改主配置文件“/etc/vsftpd/vsftpd. conf”中有关匿名用户的指令的参数值，可以设置具有匿名访问权限的 FTP 服务器。

15. 2. 4　案例分析

1. 规划节点

节点规划见表 15 －3。

表 15 －3　节点规划

IP	主机名	节点
192. 168. 200. 10	localhost	FTP 服务器
192. 168. 200. 20	local host	Linux 客户端
192. 168. 200. 30	Windows7	Windows 客户端

2. 基础准备

使用 15. 1 节安装好 FTP 服务器的虚拟机进行实操练习。通过修改主配置文件“/etc/vsftpd/vsftpd. conf”中有关匿名用户的指令的参数值，可以设置具有匿名访问权限的 FTP 服务器。

15.2.5　案例实施

（1）创建测试文件。

```
[root@localhost ~]# touch /var/ftp/pub/test1.tar
```

（2）编辑/etc/vsftpd/vsftpd.conf。

```
[root@localhost ~]# cp /etc/vsftpd/vsftpd.conf /etc/vsftpd/vsftpd.conf.bak
[root@localhost ~]# vi /etc/vsftpd/vsftpd.conf
anonymous_enable=YES            #允许匿名用户登录
anon_root=/var/ftp              #设置匿名用户的根目录为/var/ftp
anon_upload_enable=YES          #允许匿名用户上传文件
anon_mkdir_write_enable=YES #允许匿名用户创建文件夹
anon_other_write_enable=YES #允许匿名用户修改目录名称或删除目录
```

（3）关闭防火墙，禁用 SELinux。

```
[root@localhost ~]# systemctl stop firewalld
[root@localhost ~]# systemctl disable firewalld
[root@localhost ~]# setenforce 0
[root@localhost ~]# vi /etc/selinux/config
```

将字段“SELINUX”的值改为“disabled”。

（4）设置本地系统权限，将目录/var/ftp/pub 的属主更改为匿名用户 ftp。

```
[root@localhost ~]# chown ftp /var/ftp/pub
```

（5）重启 vsftpd。

```
[root@localhost ~]# systemctl restart vsftpd
```

（6）Windows 7 客户端测试。

使用 Windows 客户机的命令行对服务器配置进行验证，会看到欢迎信息。

在 Windows 7 客户端的资源管理器地址栏中输入 ftp://192.168.200.10，打开 pub 目录，新建一个文件夹，如图 15－1 所示。

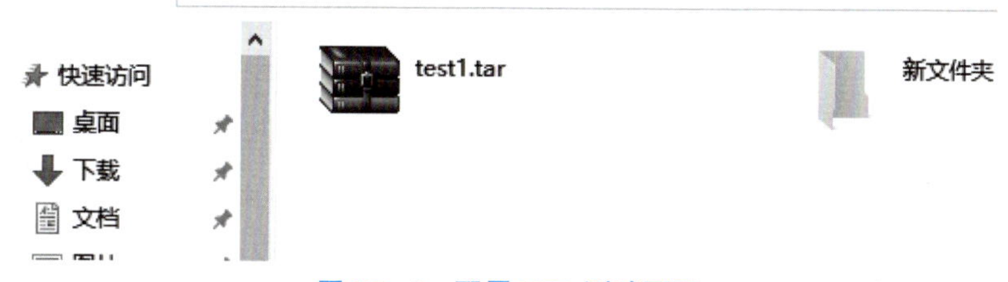

图 15－1　配置 FTP 测试页面

（7）Linux 客户端测试。

安装 FTP 工具，然后测试。

```
[root@localhost ~]# mount /dev/cdrom /iso
[root@localhost ~]# yum clean all
[root@localhost ~]# yum install ftp -y
[root@localhost ~]# ftp 192.168.200.10
```

按要求输入用户名：ftp。

不用输密码，按 Enter 键，提示登录成功，如下所示。

```
Connected to 192.168.200.10 (192.168.200.10).
220 (vsFTPd 3.0.2)
Name (192.168.10.10:root): ftp
331 Please specify the password.
Password:
230 Login successful.
Remote system type is UNIX.
Using binary mode to transfer files.
ftp> ls
227 Entering Passive Mode (192,168,200,10,48,170).
150 Here comes the directory listing.
-rw-r--r--    1 0        0               0 Jul 21 16:37 test1.tar
226 Directory send OK.
ftp> mkdir abc
257 "/pub/abc" created
ftp> get test1.tar
local: test1.tar remote: test1.tar
227 Entering Passive Mode (192,168,200,10,52,155).
150 Opening BINARY mode data connection for test1.tar (0 bytes).
226 Transfer complete.
ftp> exit
221 Goodbye.
```

在/root/目录下查看，可以看到下载的文件 test1. tar。

```
[root@localhost ~]# ls
anaconda-ks.cfg test1.tar
```

15.3 项目实训二：配置本地用户访问的 FTP 服务

15.3.1 知识准备

项目实训二：配置本地用户访问的 FTP 服务

在配置本地用户访问 FTP 服务时，通过修改 FTP 服务器的主配置文件中的指定字段，可以达到限制用户访问的目的。涉及的字段及含义如下：

```
anonymous_enable = NO          #禁止匿名用户登录
local_enable = YES          #允许本地用户登录
local_root = /web/www/html          #设置本地用户的根目录为/web/www/html
chroot_local_user = YES          #将用户限制在主目录
chroot_list_enable = YES          #启用限制用户的名单
chroot_list_file = /etc/vsftpd/chroot_list
#设置锁定用户在根目录中的列表文件
allow_writeable_chroot = YES
#如果用户被限定在了其主目录下,则该用户的主目录不能再具有写权限了。如果检查发现还有写权限,就会报该错误。
```

15.3.2　案例目标

(1) 掌握 Linux 下 FTP 服务器的配置方法。

(2) 掌握 Linux 下 FTP 客户端的配置和测试方法。

15.3.3　案例描述

配置一台限制用户访问目录的 FTP 服务器，为防止恶意用户对系统的潜在破坏，限制用户访问是非常必要的措施。

15.3.4　案例分析

1. 规划节点

节点规划见表 15 – 4。

表 15 – 4　节点规划

IP	主机名	节点
192.168.200.10	localhost	FTP 服务器
192.168.200.20	local host	Linux 客户端
192.168.200.30	Windows7	Windows 客户端

2. 基础准备

以 15.2 节项目实训一为基础，进行实验。

15.3.5　案例实施

1. 配置 FTP 服务器

(1) 创建账户 dep1、dep2 和 user1 并禁止本地登录，然后为其设置密码。

```
[root@localhost ~]# useradd -s /sbin/nologin dep1
[root@localhost ~]# useradd -s /sbin/nologin dep2
[root@localhost ~]# useradd -s /sbin/nologin user1
[root@localhost ~]# passwd    dep1
[root@localhost ~]# passwd    dep2
[root@localhost ~]# passwd    user1
```

（2）配置 vsftpd. conf 主配置文件并做相应修改。

```
[root@localhost ~]# vim  /etc/vsftpd/vsftpd.conf
anonymous_enable=NO                #禁止匿名用户登录
local_enable=YES                  #允许本地用户登录
local_root=/web/www/html          #设置本地用户的根目录为/web/www/html
chroot_local_user=YES              #将用户限制在主目录
chroot_list_enable=YES      #启用限制用户的名单,名单中的
chroot_list_file=/etc/vsftpd/chroot_list
#设置锁定用户在根目录中的列表文件
allow_writeable_chroot=YES
```

（3）建立/etc/vsftpd/chroot_list 文件，添加 dep1 和 dep2 账号。

```
[root@localhost ~]# vim  /etc/vsftpd/chroot_list
dep1
dep2
```

（4）将 nologin 添加到/etc/shells 中（或 vsftpd 取消 pam 认证修改/etc/pam. d/vsftpd，将 auth required pam_shells. so 注释）。

```
[root@localhost ~]# echo /sbin/nologin >> /etc/shells
```

（5）防火墙放行和 SELinux 允许。

```
[root@localhost ~]# systemctl stop firewalld
[root@localhost ~]# systemctl disable firewalld
[root@localhost ~]# setenforce 0
[root@localhost ~]#  vi /etc/selinux/config
将字段"SELINUX"的值改为"disabled"
```

（6）修改本地权限。

```
[root@localhost ~]# mkdir  /web/www/html -p
[root@localhost ~]# touch /web/www/html/test2.tar
[root@localhost ~]# ll   -d  /web/www/html
[root@localhost ~]# chmod   -R  o+w  /web/www/html  #其他用户可以写入。
[root@localhost ~]# ll   -d   /web/www/html
```

（7）重启 FTP 服务。

```
[root@localhost ~]# systemctl restart vsftpd
```

2. 测试

（1）Windows 7 客户端测试。

打开 Win7 命令行界面（单击“运行”按钮，打开“运行”对话框，输入“cmd”后按 Enter 键），使用 dep1 用户可以切换目录，使用 user1 用户不能切换目录。

```
C:\Users \Administrator.Win7 -2821LYAYKR > ftp 192.168.200.10
连接到 192.168.200.10。
220(usFTPd 3.0.2)
用户 <192.168.200.10: <none));dep1
331 Please specify the password.
密码:
230 Login successful.
ftp > cd /etc
250 Directory successfully changed.
ftp > quit
221 Goodhye.
C:NUsers \Administrator.Win7 -2821LYAYKR > ftp 192.168.200.10
连接到 192.168.200.10。
220 (usFTPd 3.0.2 >
用户(192.168.200.10: <none) >:
user1
331 Please specify the password.
密码:
230 Login successful.
ftp > cd /etc
550 Failed to change directory.
ftp >quit
221 Goodhye.
```

（2）Linux 客户端测试。

```
[root@client1 ~]# ftp 192.168.200.10
Connected to 192.168.200.1 (192.168.200.1).
220 (vsFTPd 3.0.2)
Name (192.168.200.1:root):user1     #锁定用户测试
331 Please specify the password.
Password:
230 Login successful.
Remote system type is UNIX.
Using binary mode to transfer files.
ftp > pwd
257 "/"
ftp > mkdir testdep1
257 "/testdep1" created
ftp > ls
227 Entering Passive Mode (192,168,200,1,46,226).
150 Here comes the directory listing.
```

```
-rw-r--r--      1 0           0          0 Jul 21 01:25 test2.tar
drwxr-xr-x      2 1001        1001       6 Jul 21 01:48 testteam1
226 Directory send OK.
ftp > cd /etc
550 Failed to change directory.     #不允许更改目录
ftp > exit
221 Goodbye.
[root@client1 ~]# ftp 192.168.200.10
Connected to 192.168.200.1 (192.168.200.10).
220 (vsFTPd 3.0.2)
Name (192.168.200.1:root): dep1          #列表内的用户是自由的
331 Please specify the password.
Password:
230 Login successful.
Remote system type is UNIX.
Using binary mode to transfer files.
ftp > pwd
257 "/web/www/html"
ftp > mkdir testuser1
257 "/web/www/html/testuser1" created
ftp > cd /etc                        #成功转换到/etc 目录
250 Directory successfully changed.
```

任务评价表

评价类型	赋分	序号	具体指标	分值	得分		
					自评	组评	师评
职业能力	55	1	FTP 服务安装配置方案设计合理	15			
		2	FTP 服务器安装正确	10			
		3	主配置文件设置合理	10			
		4	/etc/vsftpd/chroot_list、pam 认证配置正确	10			
		5	验证过程和结果正确	10			
职业素养	20	1	坚持出勤，遵守纪律	5			
		2	协作互助，解决难点	5			
		3	按照标准规范操作	5			
		4	持续改进优化	5			
劳动素养	15	1	按时完成，认真填写记录	5			
		2	保持工位卫生、整洁、有序	5			
		3	小组分工合理性	5			

续表

评价类型	赋分	序号	具体指标	分值	得分		
					自评	组评	师评
思政素养	10	1	完成思政素材学习	4			
		2	完成课程思政心得	6			
总分				100			

总结反思	
• 目标达成：知识　　　　能力　　　　素养	
• 学习收获：	• 教师寄语： 签字：
• 问题反思：	

❖ 本章小结

本章介绍了如何安装 FTP 服务器，介绍了 FTP 服务器的主配置文件 vsftpd. conf 的结构和常用设置，安装部署了 FTP 服务器，安装了 FTP 客户端，并分别在 Windows 和 Linux 客户端进行了 FTP 服务的测试。

❖ 理论习题

1. 使用命令“yum install －y ________”安装 FTP 服务。
2. 打开 FTP 服务主配置文件的命令是________。
3. 使用命令________可以设置 FTP 服务匿名用户访问的家目录为/opt。
4. 设置 FTP 服务开机自启的命令为“systemctl ________ vsftpd”。
5. FTP 是________协议组中的协议之一。

❖ 实践习题

在 Linux 系统上搭建一个 FTP 服务器，并完成以下设置：

（1）将 FTP 根目录设置为“/var/ftp”。

（2）创建一个用户“ftpuser”，并设置其家目录为“/var/ftp/user”。

（3）限制“ftpuser”用户只能访问自己的家目录。

（4）启用 TLS/SSL 加密，确保传输的数据安全。

（5）设置最大上传速度为 1 MB/s。

（6）禁止匿名用户访问 FTP 服务器。

（7）设置最大并发连接数为 50。

（8）设置登录时的欢迎信息为“Welcome to our FTP server!”。

请按照上述要求，编写实际操作步骤。

❖ 深度思考

1. 在配置和管理 FTP 服务的过程中，如何平衡用户便利性和数据安全性？需要考虑哪些方面的因素和权衡？

2. FTP 服务在数据传输过程中可能面临的风险和安全挑战有哪些？如何应对和防范这些风险，保障数据的安全性？

3. FTP 服务的使用对个人和组织的信息伦理有什么影响？如何确保数据的合法性、隐私保护和使用规范，从而维护信息伦理的原则和价值观？

❖ 项目任务单

<table>
<tr><td>项目任务</td><td colspan="4"></td></tr>
<tr><td>小组名称</td><td colspan="2"></td><td>小组成员</td><td></td></tr>
<tr><td>工作时间</td><td colspan="2"></td><td>完成总时长</td><td></td></tr>
<tr><td colspan="5">项目任务描述</td></tr>
<tr><td colspan="5"></td></tr>
<tr><td rowspan="5">小组分工</td><td>姓名</td><td colspan="3">工作任务</td></tr>
<tr><td></td><td colspan="3"></td></tr>
<tr><td></td><td colspan="3"></td></tr>
<tr><td></td><td colspan="3"></td></tr>
<tr><td></td><td colspan="3"></td></tr>
<tr><td colspan="5">任务执行结果记录</td></tr>
<tr><td>序号</td><td colspan="2">工作内容</td><td>完成情况</td><td>操作员</td></tr>
<tr><td>1</td><td colspan="2"></td><td></td><td></td></tr>
<tr><td>2</td><td colspan="2"></td><td></td><td></td></tr>
<tr><td>3</td><td colspan="2"></td><td></td><td></td></tr>
<tr><td>4</td><td colspan="2"></td><td></td><td></td></tr>
<tr><td colspan="5">任务实施过程记录</td></tr>
<tr><td colspan="5"></td></tr>
</table>

参考文献

[1]刘震宇,等. Linux 服务器搭建与管理案例教程[M]. 上海:上海交通大学出版社,2019.

[2]顾润龙,等. Linux 操作系统及应用技术[M]. 北京:航空工业出版社,2020.

[3]杨云,等. Linux 网络操作系统项目教程(RHEL 7.4/CentOS 7.4)[M]. 3 版. 北京:人民邮电出版社,2019.

[4]黑马程序员. Linux 编程基础[M]. 北京:清华大学出版社,2017.

[5]黑马程序员. Linux 系统管理与自动化运维[M]. 北京:清华大学出版社,2019.

[6]颜晨阳. Linux 网络操作系统任务教程[M]. 北京:高等教育出版社,2020.

[7]杨云,等. Linux 网络操作系统与实训[M]. 北京:中国铁道出版社,2020.

[8]潘军. Linux 服务器配置与管理[M]. 北京:中国铁道出版社,2021.

[9]夏笠芹. Linux 网络服务器配置与管理[M]. 辽宁:大连理工大学出版社,2021.